Survivre à la chaleur

Matthieu Glachant
François Lévêque

Survivre à la chaleur

Adaptons-nous

Odile Jacob

3, rue Auguste-Comte, 75006 Paris

www.odilejacob.fr

ISBN : 978-2-4150-1053-9

Introduction

Nous avions brièvement poussé un soupir de soulagement en 2015 quand Laurent Fabius annonça, en larmes, à la tribune de la COP21 l'adoption de l'accord de Paris prévoyant de limiter le réchauffement « nettement en dessous de 2 °C » et de « poursuivre l'action menée pour limiter l'élévation des températures à 1,5 °C ». Nous sommes depuis revenus aux dures réalités climatiques. Les records de température ne cessent de tomber et nombreux sont les femmes et les hommes à en mourir. Des travaux de recherche évoquent un chiffre de 100 000 décès de chaleur provoqués par le réchauffement climatique, alors que la température moyenne globale n'a pour l'instant seulement augmenté que de 1,1 °C. Outre les canicules, se multiplient sous nos yeux d'autres événements climatiques extrêmes – sécheresses, mégafeux, inondations, cyclones –, occasionnant, en plus des pertes humaines, des destructions d'infrastructures, des pertes de production et d'écosystèmes. Et cela va continuer. L'analyse des plans nationaux de réduction des émissions de CO_2 annoncés par les États dans le cadre de l'accord de Paris nous prédit une augmentation de la température de 2,4 °C à l'horizon 2100.

Face à cette réalité, le débat public s'est pour l'instant concentré sur la réduction des émissions de carbone et sur les politiques d'atténuation à même de l'accélérer. En fait-on assez ou pas assez ?

Énergie renouvelable ou nucléaire ? Innovation verte ou sobriété ? Et les effets sociaux des politiques de réduction des émissions ? L'adaptation est, elle, peu présente dans le débat climatique.

Cette discrétion est surprenante. L'adaptation désigne en effet des mesures d'« ajustement au climat, actuel et attendu, et à ses conséquences [...] visant à modérer les effets préjudiciables », pour reprendre la définition du GIEC. Elle a donc le même but que l'atténuation : réduire les pertes humaines, matérielles et naturelles. Cependant, certains craignent de brouiller le message et de voir les efforts en faveur de l'adaptation se substituer en tout ou partie aux efforts, déjà difficiles à concrétiser, en faveur de l'atténuation. Or le problème ne se pose plus en ces termes. Le réchauffement est en cours depuis quelques décennies, s'adapter est aujourd'hui indispensable. Dans ce contexte, l'objectif de cet ouvrage est de discuter les voies d'une adaptation compatible avec l'atténuation et n'exacerbant pas les inégalités face aux chocs climatiques. Un défi particulièrement difficile à relever dans les pays en développement cumulant une forte exposition aux chocs climatiques et des capacités encore limitées pour en limiter les impacts.

Dans la pratique, les solutions pour réduire les effets des chocs climatiques sont extrêmement diverses. Un ménage investit dans un climatiseur, une municipalité plante des arbres dans les rues du centre-ville, une entreprise relocalise son usine dans une zone d'activité non inondable, un gouvernement lance une campagne d'information « Alerte Canicule », une agglomération de la côte atlantique construit une digue en bord de mer, une famille abandonne son projet de séjour dans une station de ski au profit d'un voyage dans les Antilles pendant les vacances de Noël, un jeune Malgache migre vers l'Europe, chassé par les sécheresses qui se multiplient au sud de l'île. Ces solutions, mises en œuvre par des acteurs très variés dans de multiples domaines d'activité, sont, avec d'autres, analysées dans cet ouvrage avec la volonté de mesurer leur efficacité, leurs coûts, y compris environnementaux, et la capacité des politiques publiques à les accompagner. Cette exploration s'appuie sur de multiples études conduites par des chercheurs à travers le monde. Elle produit des résultats spécifiques utiles à quiconque s'intéresse à l'un des secteurs détaillés dans l'ouvrage, que ce soit l'adaptation à la chaleur, à la montée des eaux, celles de l'agriculture et des stations de ski ou encore la lutte contre les feux de forêt. À un niveau plus général, elle nous conduit à formuler quatre messages.

1. L'ADAPTATION EST LA SEULE STRATÉGIE À MÊME DE TRAITER L'URGENCE.

À la différence de l'atténuation, l'adaptation est capable de sauver des vies et de limiter les pertes économiques à court terme. Semer du sorgho au printemps pour mieux résister à la sécheresse estivale – cette céréale consomme moins d'eau que le maïs – a un effet sur la récolte qui va suivre. Végétaliser un espace urbain rafraîchit l'atmosphère dès la première canicule. Installer une fenêtre de toit dans une maison localisée au bord de l'eau pour créer un refuge en cas d'inondations catastrophiques diminue immédiatement les risques de noyade. L'atténuation portera, elle, l'essentiel de ses fruits à long terme. Chaque tonne de CO_2 restant dans l'atmosphère pendant des décennies, les générations futures en seront les principales bénéficiaires.

Autre spécificité très utile dans un contexte d'urgence climatique, les bénéfices de l'adaptation sont principalement locaux. Les efforts peuvent ainsi être décidés assez facilement par les institutions nationales, les collectivités territoriales, mais aussi par des particuliers ou des entreprises. La réduction des émissions de CO_2 et des autres gaz à effet de serre profite, elle, à l'ensemble de la planète, même aux personnes qui n'y contribuent pas. Les mesures d'atténuation font donc l'objet de négociations complexes à l'échelle internationale, soumises à des jeux géopolitiques qui freinent les engagements des États aussi bien que leurs réalisations.

2. Une adaptation spontanée est déjà en cours.

Parce qu'ils en retirent des bénéfices pour eux-mêmes, plus de confort ou de productivité, moins de risques sanitaires ou naturels, les entreprises, les ménages, les agriculteurs ont déjà commencé à s'adapter. Or les stratégies les plus simples à mettre en œuvre sont souvent polluantes. Quand les rendements agricoles fléchissent sous l'effet du changement climatique, les agriculteurs tendent à contrer le phénomène avec les moyens qu'ils ont expérimentés avec un certain succès depuis des décennies pour augmenter la productivité des exploitations : augmenter l'usage de pesticides et d'engrais ou le recours à l'irrigation. Dans d'autres secteurs, sont déployés des enneigeurs pour produire de la neige artificielle, des bombardiers d'eau pour lutter contre les feux, etc.

Certaines de ces solutions sont très efficaces. Prenons l'exemple de la climatisation. Des chercheurs ont montré que la diffusion des climatiseurs avait permis de diviser par cinq la mortalité liée aux températures excessives aux États-Unis depuis les années 1960. Revers de la médaille, ils contribuent au réchauffement de l'atmosphère, locale en rejetant de la chaleur à l'extérieur, et globale si l'électricité consommée est d'origine carbonée. En comparaison, d'autres études montrent que la végétalisation des espaces urbains – dont les effets environnementaux sont à l'inverse bénéfiques – n'a qu'un effet modeste sur la température intérieure des logements.

Ce dilemme entre efficacité et impact environnemental est tout spécifique. Nous avons installé depuis la révolution industrielle un paradigme technologique et économique fondé sur la consommation d'énergie et de ressources naturelles fossiles. Il n'y a pas de raison que l'adaptation échappe à cette logique. Cela nous amène à notre troisième message.

3. L'adaptation ne va pas sans atténuation.

Les politiques publiques d'atténuation permettent de gérer ce type de contradictions. Si l'on poursuit avec l'exemple des climatiseurs, leur efficacité interdit d'écarter la solution d'un revers de main avec l'argument qu'ils relèveraient d'une « maladaptation ». Mais leur déploiement doit aller de pair avec la décarbonation de l'électricité et des incitations à la sobriété de leur usage. Le sujet est – osons l'adjectif – brûlant, dans la mesure où le XXIe siècle verra l'émergence économique de nouveaux pays, en Asie, en Afrique, en Amérique latine, très exposés aux chocs climatiques, qui s'engageront donc vigoureusement dans l'adaptation à l'aide des ressources financières qui pourront la financer. Imaginons en 2100 l'Inde, le Nigeria, l'Indonésie, pour citer quelques pays *a priori* concernés, peuplés de centaines de millions de climatiseurs alimentés par de l'électricité carbonée. Dans d'autres domaines, cet accompagnement de l'adaptation par les pouvoirs publics ne se limite pas à l'atténuation. En matière d'agriculture, il s'agit par exemple de décourager le recours aux engrais chimiques ou d'assurer une gestion durable de la ressource en eau. Et l'on peut ainsi multiplier les exemples.

4. Les inégalités d'adaptation doivent être corrigées.

Le niveau des capacités à s'adapter est plus fortement déterminé par la richesse que par les besoins. Construire des digues, installer des climatiseurs, investir dans des dispositifs d'alerte et de prévision des événements climatiques extrêmes ou des infrastructures nécessite en effet des ressources financières.

Le constat vaut d'abord au niveau international. L'histoire nous enseigne que l'émergence économique opère par vagues successives : l'Angleterre au début du XIXe siècle, puis le reste de l'Europe de l'Ouest, les États-Unis et plus près de nous une partie de l'Asie. Est aujourd'hui venu le tour de l'Inde, du Kenya, des Philippines, du Vietnam, du Bangladesh, et d'autres suivront. Une partie grandissante de l'humanité bascule ainsi dans la catégorie des pays à revenu intermédiaire. Mais d'autres pays resteront englués dans le sous-développement. Ils subiront une double peine climatique : une forte exposition du fait de leur localisation aux basses latitudes et des capacités d'adaptation limitées pour y faire face. C'est dans ces régions que se joue la possibilité d'un effondrement face au changement climatique, plus que dans le monde développé disposant des moyens pour l'éviter.

L'état de la planète dépendra alors du niveau de solidarité internationale que nous aurons réussi à installer autour des enjeux d'adaptation au changement climatique. Une solidarité financière mais aussi migratoire, le déplacement restant pour certaines populations l'une des seules options disponibles.

La solidarité climatique vaut également à l'intérieur des pays. À ce niveau, la sélectivité de l'action publique est essentielle. Il s'agit moins de protéger les plus exposés que les plus vulnérables. Pour expliciter ce point, prenons l'exemple des épisodes de submersions marines appelés à se multiplier en France avec l'augmentation du niveau de la mer. Les populations les plus concernées ont un revenu supérieur au revenu moyen du pays. Un constat peu surprenant pour qui connaît le prix d'une résidence en bord de mer. Le financement collectif de leur protection n'apparaît pas comme prioritaire, d'autant qu'il tend à décourager les efforts individuels de prévention des risques.

Si nous parvenons à accompagner l'adaptation avec des politiques de protection de l'environnement et de protection des plus fragiles, parions que l'adaptation aura su nous éviter le pire. Considérons-la aujourd'hui pour ce qu'elle est, une raison d'espérer et non le symptôme d'une atténuation ratée.

CHAPITRE 1

Heurs et malheurs de la chaleur

La chaleur tue mais il ne faut pas ignorer ses bienfaits

La canicule de 2003 nous rappelle que les vagues de chaleur fauchent un grand nombre de vies humaines. Pour l'ensemble de la planète, le réchauffement climatique a déjà augmenté d'un tiers la mortalité liée à la chaleur. Et le pire est à venir.

Mais l'élévation des températures n'apporte pas que des malheurs. Des températures moins froides l'hiver réduisent aussi la mortalité. Au point que le réchauffement futur pourra se solder par un bilan net neutre, voire favorable, en Europe et aux États-Unis.

Cette ambivalence se retrouve dans notre sensation du bonheur. Dans un large intervalle centré sur 21 °C, notre satisfaction est au plus haut. Chaque pas de la montée vers cet idéal nous réjouit puis nous déchantons au-delà de 28 °C.

Attention cependant aux disparités masquées derrière ces grandes tendances. Les préférences en matière de température idéale varient selon les individus et les effets sur la mortalité en fonction des géographies.

La forte chaleur accable et tue. Elle éprouve le héros de *L'Étranger* de Camus lors de sa longue marche au soleil, sans chapeau, derrière un corbillard, plus sûrement que le décès de sa mère. Ses pieds s'enfoncent dans le goudron éclaté de la route refaite, la sueur coule sur ses joues. La mère de Meursault a d'ailleurs succombé à un épisode de forte chaleur, fréquent dans l'arrière-pays de l'Algérois.

D'après la légende grecque, le soldat qui annonce à Athènes la victoire de Marathon s'écroule sitôt arrivé, fumant encore du sang des ennemis. Plus que de ses blessures, Philippidès a souffert d'hyperthermie durant sa course dans la chaleur et sous le soleil des monts de l'Attique. Hélios, le dieu du soleil qui porte la joie dans le cœur des hommes selon Homère, ne l'a pas épargné.

Quels sont les effets physiologiques et psychologiques de la chaleur ? Comment comprendre notre ambivalence à vouloir tantôt rechercher, tantôt fuir le chaud et les rayons du soleil ? Comment alors le réchauffement climatique devrait-il agir sur la vie et la mortalité des Terriens ?

Chaleur et température

La chaleur est associée à la température du milieu ambiant. Pour fixer les idées, il fait chaud à partir de 21 °C, excessivement chaud à partir de 36 °C et mortellement chaud à 50 °C. Ces bornes se comprennent à partir du fonctionnement du corps humain. Même au repos, l'organisme produit de la chaleur, celle fournie par les battements du cœur et l'activité du cerveau par exemple. Or la température à l'intérieur du corps doit être maintenue constante. Quand la température extérieure approche de 21 °C, une partie de la chaleur du métabolisme doit être évacuée. Les mécanismes qui permettent cette thermorégulation sont à la peine quand la température ambiante dépasse 36 °C, car l'air alors nous réchauffe au lieu de nous permettre de dissiper notre propre chaleur. À 50 °C, la température corporelle centrale augmente, c'est le point de bascule vers l'hyperthermie maligne.

Il s'agit bien sûr d'une simplification. L'humidité de l'air et l'ardeur du soleil entrent aussi en jeu. Le seuil critique des 50 °C s'abaisse à mesure que l'humidité augmente. À 60 % de teneur en vapeur d'eau, ce seuil passe à 38 °C ! L'évaporation de la sueur qui perle sur la peau est en effet le principal mécanisme physiologique d'évacuation de la chaleur. Son efficacité s'amoindrit quand l'air lui-même contient de la vapeur d'eau. Inversement, c'est ce qui explique que l'on puisse rester dans l'air sec d'un sauna une quinzaine de minutes alors que le thermomètre indique 80 °C. Comme l'esprit de compétition et la recherche de record n'ont parfois pas de bornes, un championnat du monde de sauna a vu le jour et s'est tenu quelques années de suite en Finlande. La température était établie à 110 °C, le gagnant était celui qui restait le plus longtemps dans la cabine. En 2010, un finaliste russe pris de convulsions et de saignements s'écroula quelques secondes après sa sortie. Il avait tenu six minutes. Si vous êtes un adepte raisonnable de cette tradition scandinave, vous sortirez du sauna seulement tout rouge comme si vous aviez couru. Les vaisseaux sanguins se dilatent quand il fait chaud. Cette réaction du système vasculaire permet de transférer de la chaleur de l'intérieur du corps à son enveloppe. Elle s'accompagne d'une accélération cardiaque, ce qui explique pourquoi le sauna, à l'instar de la pratique d'un sport intense, est déconseillé aux malades du cœur.

À température égale, mieux vaut être à l'ombre qu'au soleil ou, à défaut, se protéger de ses rayons par un chapeau et un vêtement. D'une couleur claire de préférence car le blanc réfléchit beaucoup la lumière et en absorbe peu – une propriété importante car le rayonnement transfère de la chaleur. D'ailleurs, la radiation est un autre mécanisme physiologique clé d'évacuation de la chaleur du corps humain. Nous émettons un rayonnement infrarouge, un peu comme Monsieur Jourdain dit de la prose, sans le savoir. Mais, parce que nous recevons aussi des rayons du soleil, la physique de la thermorégulation se complique. Les vêtements vont nous protéger mais aussi réduire l'évacuation de notre chaleur. L'ours arctique n'a pas ce problème. Il vit dans le froid et sans habits. Mais comprenez que, s'il est blanc, c'est en partie parce qu'il a plus intérêt à garder sa chaleur interne en rayonnant peu qu'à absorber le peu de lumière solaire qui lui parvient. Inversement, le revêtement des murs est peint en blanc dans les pays ensoleillés. Dans *Le Crabe aux pinces d'or*, Tintin marche en plein Sahara, « le pays de la soif » peste le Capitaine Haddock, la tête couverte d'un mouchoir blanc noué aux quatre coins. Le couvre-chef d'Haddock en revanche est rouge foncé, ce qui explique peut-être la confusion mentale qui rapidement le gagne. Confondant Tintin avec une bouteille de champagne, il s'apprête à l'étrangler quand Milou, armé d'un os de dromadaire, intervient en assommant le brave capitaine.

Pourtant les hommes du désert comme ceux qui sauveront les héros d'Hergé portent des vêtements foncés ! Parce qu'intervient une troisième modalité d'échange thermique : la convection. Les Touaregs et les Bédouins portent leur habit flottant au-dessus d'un autre, jamais donc en contact direct avec la peau. L'air circulant aisément entre les deux couches de vêtements, un phénomène de ventilation se produit. L'air ambiant entre par-dessous l'habit, remplace la petite couche d'air chauffée et humidifiée sur la peau et ressort à l'encolure. Ce mouvement est facilité quand l'habit extérieur est plus chaud. Or un tissu noir absorbe beaucoup plus la chaleur que s'il était blanc. Un ventilateur agit selon le même principe. L'air au contact de la peau est remplacé par de l'air moins chaud et plus sec, et cet effet rafraîchissant fait plus que compenser l'augmentation de température de la pièce due à l'action du moteur.

Le thermomètre classique, comme celui au mercure hier, au gallium aujourd'hui, ne donne donc qu'une indication grossière de la chaleur. Pour une meilleure appréciation, il convient de mesurer le taux d'humidité et le rayonnement solaire en plus de la température ambiante. Un indice composite tenant compte de ces trois paramètres a été conçu par l'armée américaine. Sa valeur est donnée par un appareil spécial, le thermomètre-globe mouillé. Il calcule la température humide, c'est-à-dire celle qui empêche l'évaporation de la sueur ; il détermine la température radiante grâce à une petite boule noire exposée à la lumière du jour ; il mesure enfin plus banalement la température de l'air ambiant. Il combine le tout pour obtenir la valeur recherchée exprimée en degré WBGT (pour *wet-bulb globe temperature*). L'appareil est notamment utilisé sur des bases militaires, mais aussi sur des chantiers de construction, pour évaluer le niveau de risque de stress thermique et recommander de ralentir le niveau d'activité, voire de la cesser. Vous pouvez aussi vous équiper de ce genre d'appareil peu encombrant et qui ne coûte pas très cher pour décider en toute connaissance de cause si vous allez sortir les jours de canicule pour marcher, courir ou pédaler.

Les pathologies de la chaleur

Les effets pathologiques de la chaleur sont nombreux. Passons sur les pathologies mineures comme les crampes musculaires par manque d'hydratation, les irritations de la peau à cause de la sudation ou le gonflement des pieds et des chevilles – la vasodilatation gênant le retour veineux. L'épuisement par la chaleur, ou choc thermique, présente en revanche une grande gravité. Il s'accompagne d'une large série de symptômes : nausée, vomissement, mal de tête, étourdissement, peau froide, transpiration abondante, respiration rapide, pouls élevé, et bien sûr grande fatigue. La récupération peut être spontanée grâce à un retour dans un endroit sec et frais, une réhydratation orale, un refroidissement par humidification et ventilation. Mieux vaut tout de même appeler un médecin car l'épuisement par la chaleur peut conduire au « coup de chaleur ». Il s'agit ici du terme médical, et non de l'expression courante « attraper un coup de chaud ». Ses symptômes sont impressionnants : température supérieure à 40 °C, convulsion, délire, difficultés respiratoires. La peau est chaude mais aussi sèche, car la sudation, faute de liquide de réserve, est bloquée. Souvent, face à cette pathologie, l'urgentiste réservera son pronostic vital. Les malades sauvés d'un coup de chaleur présenteront fréquemment des séquelles, leurs reins, poumons ou leur foie pouvant être lésés.

Il est bien connu que les jeunes enfants et les personnes âgées sont les plus vulnérables face à la chaleur. Les premiers car leur eau de réserve est vite insuffisante et parce qu'ils ne se réhydratent pas spontanément. Les secondes car leur mécanisme de sudation est affaibli et fragilisé. En conséquence, autant il faut faire boire les enfants qui souffrent de la chaleur, autant il vaut mieux vaporiser ou ventiler les personnes âgées dès lors qu'elles ne transpirent pas ou peu. Les personnes souffrant de maladies cardiovasculaires, rénales et endocriniennes – de diabète par exemple – sont également plus vulnérables. De même que les personnes atteintes de troubles mentaux. Certains traitements médicamenteux augmentent le risque de décès lié à la chaleur[1], en supprimant la sensation de soif ou en devenant toxiques en cas de déshydratation.

Il semble aussi que la chaleur puisse entraîner des troubles psychiques. Nous sommes là moins assertifs car la recherche sur les effets de la chaleur sur la santé mentale n'en est qu'à ses débuts. De nombreuses études établissent un lien entre l'exposition à la chaleur et un risque de souffrance mentale. Mais, si la corrélation est établie, la causalité ne l'est pas et les mécanismes qui pourraient l'expliquer restent mal connus. Une corrélation positive et significative entre le nombre de suicides (ou de tentatives) et les vagues de chaleur a été aussi mise en évidence[2]. Les résultats semblent plus solides sur le lien entre la chaleur et l'agressivité, à l'image de la hargne du Capitaine Haddock contre Tintin dans le désert.

Chaleur et soleil vont souvent de pair, mais l'insolation ne se confond pas avec le stress de chaleur, même si bien sûr elle y contribue. Chaque été, la rubrique des faits divers s'enrichit de nouveaux cas mortels poignants de bébés ou de jeunes enfants oubliés dans une voiture par un parent. Quelques heures passées à l'intérieur du véhicule, voire moins, suffisent pour que l'enfant succombe d'un coup de chaleur alors qu'il n'est pas exposé aux radiations du soleil. La température dans l'habitacle chauffé par le soleil peut en effet atteindre rapidement 50 °C.

Les personnes âgées sont les plus vulnérables au stress thermique, mais ne sont pas forcément les plus exposées aux conditions météorologiques qui le déclenchent. Elles n'exercent pas non plus d'activité physique marquée ou intense. Au contraire de toute une frange de la population active travaillant à l'extérieur : ouvriers dans la construction, agriculteurs, ou encore pompiers et militaires.

Prenons l'exemple des ouvriers sur les chantiers du Qatar. Ils sont venus du Pakistan, du Bangladesh, du Kenya, et d'ailleurs encore, pour faire sortir de terre les projets démesurés de la Coupe du monde de football de 2022 : nouvel aéroport, nouvelles routes, nouveaux hôtels, et pas moins de sept stades. Climatisés bien sûr, car il fait chaud au Qatar, très chaud. Une très forte humidité et un ensoleillement quasi permanent s'ajoutent pour rendre les conditions de travail de cette jeune main-d'œuvre éprouvantes et même mortelles. Selon une étude commandée par l'Organisation internationale du travail[3], un tiers des ouvriers ayant travaillé sur le grand stade conçu pour la finale a connu des montées de température supérieure à la normale, la même proportion a souffert de déshydratation, la proportion est encore identique pour le temps passé au travail à une température WBGT supérieure à 31,1 °C. Pour un effort d'intensité modéré, à cette température, il est recommandé de ne travailler qu'un quart d'heure par heure. Lors des pics de température, l'été entre 11 et 15 heures, il est impératif de ne pas travailler du tout. Au Qatar, ces règles de base sont loin d'avoir toujours été respectées. Comme l'a rapporté un ouvrier kényan[4] qui s'est entendu dire : « Il faut y aller au soleil, et si vous ne travaillez pas vous ne toucherez pas votre salaire, ne percevrez pas votre billet de retour et on ne vous nourrira pas. » Depuis 2010, près de 1 000 migrants sont décédés, la plupart sur les chantiers liés à la Coupe, dont la plupart d'un coup de chaleur par crise cardiaque ou respiratoire[5].

À 13 000 kilomètres de Doha, dans la vallée centrale californienne, les travailleurs des champs, principalement des migrants latino-américains, sont également exposés à de très fortes chaleurs estivales. Dans une enquête réalisée par des chercheurs de l'université de Californie de Davis[6], près de 7 % des ouvriers agricoles examinés présentaient une température centrale supérieure à 38,5 °C. Et ce malgré de nombreuses précautions prises (pauses obligatoires, provision d'eau et d'ombre sur place, information sur les risques et les symptômes, notamment) et désormais imposées par l'agence de santé de l'État après une série de décès advenus en 2005.

À cause de l'effort physique très intense qu'ils produisent, les sportifs, de haut niveau comme les amateurs, souffrent aussi des fortes chaleurs. Les performances s'en ressentent et les records deviennent difficiles à battre. Aux JO de Tokyo, en 2020, même en déplaçant les épreuves au petit matin ou dans des régions éloignées de la chaleur humide de la capitale, il était impossible de lutter contre les meilleurs chronomètres historiques des 50 kilomètres marche et du marathon. La chaleur conduit aux abandons et aussi à l'hôpital. À l'Open d'Australie de 2014, près de dix joueurs de tennis ont jeté l'éponge au premier tour, plombés par plusieurs jours consécutifs d'une température comprise entre 41,5 °C et 43,9 °C. Au marathon de Chicago de 2007, qui s'est déroulé sous fortes chaleur et humidité, une cinquantaine de participants ont dû être hospitalisés et un coureur est décédé d'un coup de chaleur. À partir de 32 °C, la pratique sportive en amateur est fortement déconseillée.

Mourir de chaud, survivre au froid

En situant la limite d'une température moyenne annuelle difficilement supportable à 29 °C, une étude a récemment établi que 0,3 % des habitants de la planète vivaient au-delà de ce seuil en 1980 ; que cette part avait triplé depuis lors ; et surtout qu'elle allait exploser dans les décennies à venir[7]. Dans l'hypothèse d'un réchauffement de 2,7 °C, le scénario médian dit « SSP 4.5 » du GIEC, elle bondirait à près de 10 % en 2050 et à 23 % en 2100. Dans le cas d'un réchauffement global de près de 5 °C à la fin du siècle, 40 % de la population mondiale vivraient à ces températures, soit plus de 4 milliards de personnes ! Cette exposition croissante aux fortes chaleurs va évidemment augmenter la mortalité – les effets physiologiques et sanitaires spécifiques discutés jusqu'à présent permettent de s'en convaincre. Il nous reste à quantifier son niveau.

Commençons par une étude de cas : la mesure de la mortalité liée à la canicule de 2003. Pendant l'été, l'Europe connaît une vague de chaleur sans précédent. 35 °C enregistrés à Paris près de dix jours d'affilée. La France suffoque, les urgences sont submergées, les morgues débordent. Quelques mois plus tard, un chiffre macabre tombe : elle aurait fauché 15 000 personnes en France. 14 802 pour être précis[8], en soulignant qu'il s'agit là du nombre de décès en excès observé entre le 4 et le 18 août par rapport au nombre de décès observé en moyenne pendant la même période au cours des trois années précédentes, soit près de deux fois plus de décès. Ce chiffre de 14 802 personnes ne correspond pas au nombre exact de décès *attribuables* à la canicule. D'autres sources de variabilité peuvent en effet provoquer des différences, comme des angines d'été plus ou moins fortes et répandues. Or les déclarations de décès ne sont pas toujours bien renseignées sur leurs causes.

Et puis, surtout, pourquoi se contenter d'observer ces différences sur les quelques dizaines de jours de canicule ? La canicule a pu dégrader la santé déjà fragile d'une partie de la population, souffrant d'insuffisance respiratoire ou cardiaque par exemple, et conduire à leur décès quelques mois plus tard. À l'inverse, elle a pu provoquer le décès pendant la canicule de personnes qui seraient mortes quelques mois plus tard, l'essentiel des victimes de l'été 2003 étant âgées. Dans le premier cas, on observerait un excès de décès dans les mois et années suivants, dans le second, un déficit. Ce dernier mécanisme semble avoir prévalu puisqu'un déficit de décès a été observé en 2004. Deux chercheurs[9] de l'Institut national d'études démographiques sont parvenus par des calculs ingénieux à l'estimer : un tiers des personnes décédées pendant l'été 2003 se seraient autrement éteintes avant la fin de l'année suivante. Les autres avaient encore plusieurs années à vivre.

D'un point de vue sanitaire, les canicules entraînent également une morbidité accrue, c'est-à-dire une dégradation de l'état de santé. De nombreuses personnes, surtout parmi celles de santé déjà fragile, subissent des malaises, des pertes d'équilibre entraînant une chute, des troubles rénaux ou neurologiques, ou ressentent simplement une détérioration générale de leur bien-être physique et psychique. Selon une étude de l'Institut de veille sanitaire, 10 % de la population des plus de 70 ans a ainsi été affectée par la canicule d'août 2003[10]. À défaut de repérage et de suivi statistiques de chaque type d'effet, en particulier dans le temps pour tenir compte d'éventuelles séquelles, les impacts sanitaires en matière de morbidité sont mesurés par les recours au soin observés lors des journées de chaleur. Comme pour la mortalité, il s'agit de quantifier des écarts par rapport à une période de référence sans canicule. Ici encore ils sont significatifs.

Pour la canicule de 2019, par exemple, les consultations à domicile, les visites aux urgences hospitalières et les admissions hospitalières en excès ont été respectivement estimées à 25, 40 et 22 %[11].

Au-delà de l'exemple spécifique de la canicule de 2003, l'approche la plus utilisée dans la littérature scientifique pour quantifier la mortalité due à la chaleur consiste à établir des relations mathématiques entre température et risque de décès en différents points du globe, en mobilisant de gigantesques bases de données temporelles, climatiques et sanitaires. Les décès liés à la chaleur ne sont alors pas identifiés par le recensement d'affections particulières – hyperthermie, crise cardiaque, infection pulmonaire ou diabète, par exemple – mais par leur corrélation avec les températures. Sont ainsi prises en compte toutes les causes possibles. En d'autres termes, la mortalité identifiée ainsi ne se réfère pas spécifiquement au fait que des personnes meurent de chaud par hyperthermie, mais que la température plus haute a fragilisé leur constitution, accentué leurs troubles pathologiques et finalement réduit leur espérance de vie.

En rassemblant les données climatiques et épidémiologiques de près d'un millier de lieux situés dans une quarantaine de pays sur la période 1991-2018, une équipe internationale de chercheurs[12] a estimé qu'un tiers des décès associés aux températures excessives était d'ores et déjà dû au changement climatique en cours depuis quelques décennies : cette mortalité a représenté 1,5 % des décès intervenus au cours des saisons chaudes ; sans réchauffement, elle n'aurait été que de 1 %. Le lien entre température et mortalité étant dépendant des conditions locales et l'échantillon ne couvrant qu'une quarantaine de pays, il convient d'être prudent dans l'extrapolation de ce résultat à la planète entière. Pour fixer les idées, citons toutefois le chiffre extrapolé de 100 000 décès de chaleur par an d'ores et déjà provoqués par le changement climatique. Un ordre de grandeur d'autant plus impressionnant qu'il correspond à une élévation de la température globale d'environ 1 °C, alors qu'il faut s'attendre à plusieurs degrés de plus d'ici à la fin du siècle.

Ces résultats décrivent uniquement l'effet de la chaleur. Ils ne prennent pas en compte celui des basses températures. Un point crucial car le réchauffement réduit en parallèle la fréquence des journées froides, et donc la mortalité qui leur est associée. Le réchauffement climatique entraîne donc plus de morts d'un côté mais moins d'un autre. Au Mexique, par exemple, une journée à plus de 32 °C se solde par un demi-millier de morts, mais une journée à – 12 °C par dix fois plus[13] ! Une seconde étude internationale portant sur la même quarantaine de pays montre que le cas est loin d'être exceptionnel[14]. Le rapport de 1 à 10 entre les décès de chaud et de froid est en effet celui observé en moyenne pour les pays étudiés par les auteurs de cette seconde étude. Il explique pourquoi le réchauffement au cours des vingt premières années de notre siècle s'est pour l'instant traduit par une décroissance de la mortalité liée à la température. Les décès évités grâce au moindre froid l'emportent sur les décès supplémentaires de chaleur.

La poursuite du changement climatique devrait cependant inverser ce solde de mortalité. Avec un réchauffement de l'ordre de 2,7 °C à l'horizon 2100, la mortalité annuelle de température devrait augmenter de 11 pour 100 000 habitants. Dans l'hypothèse d'un réchauffement de 5 °C, elle passerait à 73 pour 100 000 habitants[15]. Sur la base d'une population de 10 milliards de Terriens, cela donne respectivement un nombre de décès en excès par an de 1,1 million et 7,3 millions de personnes. Nous reviendrons dans les prochains chapitres sur les disparités géographiques qui se cachent derrière ces moyennes. Signalons déjà que le solde devrait rester positif pour l'Europe et les États-Unis : les décès additionnels en été seraient plus que compensés par les décès évités en hiver. Les effets du réchauffement sur la mortalité doivent donc toujours être appréciés sous leurs deux faces : la face sombre mais aussi la face heureuse, notamment pour les habitants des régions où la température moyenne annuelle ne dépasse pas 13 °C.

Nous reviendrons aussi sur les efforts d'adaptation, en particulier le développement de la climatisation, qui a par le passé réduit la mortalité – et devrait encore le faire à l'avenir. L'adaptation sauve des vies humaines.

Chaleur, soleil et bien-être

Naturellement, la chaleur n'apporte pas que des malheurs. Jusque-là, nous nous sommes uniquement intéressés aux effets des chaleurs fortes et extrêmes. Considérons maintenant l'effet de la température sur une plage plus ordinaire, disons entre 0 °C et 25 °C.

Intuitivement, dans un climat comme celui de la France, beaucoup préféreraient qu'il fasse un peu plus que 10 °C et qu'il fasse un peu plus chaud l'hiver plutôt qu'un peu moins l'été. Mais ce n'est pas une opinion partagée par tous. Les préférences en matière de température varient entre les personnes qui résident au même endroit de même qu'entre les populations de régions au climat différent[16]. Malgré tout, quelques grandes tendances ressortent des travaux de recherche concernant l'effet de la température et du soleil sur notre humeur et notre bien-être.

Un jeune économiste américain, Patrick Baylis, a réussi à tracer la courbe de notre félicité en fonction de la température grâce à une méthode originale de son invention[17] : collecter un million de tweets géolocalisés, repérer pour chacun d'entre eux les mots exprimant un sentiment de bien-être et de mal-être puis les traduire dans un score synthétique. La phase la plus délicate consiste bien sûr à sélectionner dans les tweets les termes à connotation positive et négative, et à leur donner une valeur pour calculer le score. Il suffit ensuite de rapporter cette prise de température des sentiments à la température ambiante locale au moment où les messages ont été écrits.

La courbe obtenue par Patrick Baylis ressemble à un U inversé. En haut, un plateau entre 14 °C et 28 °C avec une petite bosse à

21 °C, une montée régulière pour y parvenir en partant de 0 °C et une descente à partir de 28 °C. Sans surprise, on note donc bien une augmentation du bien-être lorsque la température est un peu moins fraîche. Le bonheur de la chaleur modérée.

Il est également possible d'appréhender les préférences de température des individus à partir de données sur les salaires ou les dépenses liées au logement*, l'hypothèse étant que les ménages acceptent de payer des prix plus élevés et de recevoir des salaires plus faibles pour vivre dans les lieux qui correspondent à leurs préférences climatiques. En mobilisant cette approche, un trio d'économistes s'est intéressé aux préférences de température selon les saisons[18]. Sans surprise, elles penchent vers des hivers doux et des étés de chaleur modérée. Sans surprise encore, ce trait est d'autant plus marqué que les personnes sont âgées. Malheureusement, les régions d'hiver doux connaissent en général des étés chauds. C'est par exemple le cas de la Floride où de nombreux retraités aisés se sont installés.

Nous citons la Floride plutôt que la Côte d'Azur car les tendances que nous venons de décrire ont été établies à partir de données américaines. Cet immense pays présente l'avantage d'une grande diversité de conditions climatiques, du froid de l'Alaska aux hautes températures de l'Arizona, en passant par la chaleur humide de La Nouvelle-Orléans et le régime tempéré du Wisconsin. Mais les particularités économiques, culturelles et sociales des États-Unis rendent délicate l'extrapolation des tendances observées au reste du monde. La plupart des logements y sont par exemple équipés d'un climatiseur (voir chapitre 2). Conscient de cette difficulté Patrick Baylis a eu la bonne idée d'appliquer sa méthode à six autres pays de langue anglaise. On retrouve le U inversé avec la même préférence pour les températures modérées en Australie et en Inde.

---

* Méthode dite « des prix hédoniques », consistant à déduire à partir de données observables indirectes les préférences des individus pour des biens hors marché, donc sans prix apparent.

En revanche, il manque une jambe au U en Afrique du Sud et aux Philippines : les basses températures n'y sont pas moins préférées que les températures modérées. Pour le Kenya et l'Ouganda, les deux jambes ont carrément disparu : pas de différence discernable dans les sentiments exprimés en réponse aux différentes températures.

Citons également un travail économétrique réalisé à partir d'observations sur 67 pays[19]. Il confirme la tendance à préférer des températures plus élevées pour le mois le plus froid et des températures plus basses pour le mois le plus chaud. Ces observations sont tirées de la World Base of Happiness[20]. Une base de données du bonheur, vous n'imaginiez pas que cela puisse exister ! Non plus que l'économie du bonheur[21], qui est une sous-discipline académique reconnue[22]. Elle propose une mesure du bien-être subjectif en demandant aux individus s'ils sont dans l'ensemble satisfaits de leur vie, en l'évaluant par exemple sur une échelle croissante de satisfaction de 0 à 10. Elle cherche ensuite à établir comment cet indice varie selon le revenu, l'âge, le niveau d'étude, la situation familiale, le nombre d'amis, la richesse du pays, etc. Contrairement aux systèmes de mesure évoqués précédemment – les tweets de Baylis ou les préférences révélées par le niveau des salaires ou les dépenses de logement –, l'économie du bonheur interroge directement les personnes. Ce qui la rend moins appréciée des théoriciens car elle est sujette aux biais et erreurs traditionnels des enquêtes : influence de la formulation des questions et de leur ordre sur les réponses, impressions de l'interrogateur sur le déclarant, déclaration dépendante du moment choisi, trop petit nombre d'enquêtés, etc.

Pour de nombreux pays occidentaux comme les États-Unis, le Canada, l'Allemagne et le Royaume-Uni, l'économie du bonheur a montré que les conditions climatiques ont un impact sur le niveau de satisfaction. Cette influence reste cependant modeste par rapport à d'autres variables comme vivre en couple, disposer d'un emploi ou ne pas souffrir de handicap. Ces travaux portent en général sur l'ensoleillement plutôt que sur la température. Ce qui pour le bonheur semble plus pertinent et intuitif : ne dit-on pas que le beau temps rend de bonne humeur et le temps gris l'esprit chagrin ?

Parmi les pionniers de cette ligne de recherche, deux psychologues ont sondé, il y a près d'un demi-siècle, 84 étudiants de l'université de l'Illinois[23]. Ceux contactés par téléphone pendant les premiers jours d'ensoleillement après une période maussade se sont déclarés plus satisfaits de leur vie que leurs camarades questionnés au cours d'un jour de pluie succédant à une période maussade. Deux causes possibles peuvent être invoquées pour expliquer cette préférence pour le soleil. La première est physiologique. La luminosité agit sur le taux de sérotonine, un neurotransmetteur souvent appelé l'hormone du bonheur. Ou plutôt agirait car les preuves manquent encore. L'autre explication à l'effet bénéfique du soleil est d'ordre social. Le beau temps facilite les activités extérieures plaisantes, rencontres, sport et shopping par exemple. Les deux causes jouent sans doute en général et même simultanément quand on se retrouve par beau temps entre amis assis à la terrasse d'un café ou en famille lors d'un pique-nique à la campagne.

Ce tour d'horizon nous a montré que la chaleur ne se réduit pas uniquement à la température mesurée en degrés Celsius (°C) ou Fahrenheit (°F). Ses effets physiologiques et psychologiques dépendent plutôt de la température ressentie mesurée par ce drôle d'instrument qu'est le thermomètre-globe mouillé qui tient compte aussi de l'humidité et des radiations solaires ambiantes. Nous avons également appris que la balance du bien-être penche sans ambiguïté vers le malheur pour les fortes chaleurs. Celles-ci tuent et les Terriens y seront de plus en plus exposés demain à cause du réchauffement climatique. Inversement, les efforts pour réduire les émissions de gaz à effet de serre mais également les mesures d'adaptation permettent et permettront de sauver des vies humaines.

Les effets sur nos organismes et nos cerveaux sont plus contrastés pour des températures ordinaires, le soleil contribuant alors à faire pencher la balance du côté du bonheur. Surtout, pour une partie du globe, le réchauffement devrait réduire la mortalité par temps de froid. Le changement climatique idéal serait pour les hommes celui qui réchauffe l'atmosphère quand il fait trop froid et qui le rafraîchit quand il fait trop chaud, bref des hivers plus doux et des étés moins caniculaires et donc que du bonheur et moins de morts. Mais le réchauffement en cours et à venir n'en prend pas le chemin.

CHAPITRE 2

Les vilains climatiseurs ?

Cessons d'instruire uniquement à charge le procès de la climatisation

La climatisation n'est pas seulement une source de confort, elle sauve des vies. Aux États-Unis, son développement passé massif a évité près de 20 000 décès par an.

Elle contribue aussi au développement économique. Singapour lui doit une partie de sa prospérité. Sans climatiseurs, les fortes chaleurs entraînent une baisse de productivité dans les ateliers comme dans les bureaux.

La climatisation repose sur l'initiative privée mais elle ne peut être laissée aux seules forces du marché. Sans intervention publique, l'achat de climatiseurs tend à se tourner vers des modèles moins efficaces et une utilisation immodérée. Elle peut alors devenir un remède pire que le mal.

L'immense défi est de répondre aux besoins croissants de climatisation des pays émergents par une électricité décarbonée. S'il n'est pas remporté, le monde occidental, historiquement à l'abri du froid grâce aux énergies fossiles, sera mal placé pour s'en insurger.

Une piste de running climatisée de 1,3 kilomètre à l'air libre autour du parc Umm Al Seneem à Doha, au Qatar. De l'air froid pulsé du sol qui y maintient une température de 26 °C autorisant l'effort physique dans une ville où elle dépasse les 35 °C, six mois par an. Un coût gigantesque ? L'argent du gaz y pourvoira. Des tonnes de carbone relâchées dans l'atmosphère ? L'électricité qatarie est produite avec du gaz. Mais aussi le seul moyen de pratiquer du sport à l'extérieur pendant une grande partie de l'année, un argument à prendre au sérieux dans un pays où 80 % de la population est en surpoids. Pour résumer, les climatiseurs représentent des coûts économiques, des dommages environnementaux, mais aussi des bénéfices, notamment sanitaires. Tâchons de démêler tout ça.

Confort, productivité et vies sauvées

L'ingénieur William Haviland Carrier n'imaginait pas rafraîchir des joggeurs au Qatar quand il inventa en 1902 le premier climatiseur moderne. Installée dans l'imprimerie de la Sackett-Wilhelms Lithographing and Publishing Company à Brooklyn, sa machine visait à améliorer le fonctionnement d'équipements sensibles à la chaleur et à l'humidité. Quelques mois plus tard, le New York Stock Exchange, la Bourse américaine, l'achetait pour rafraîchir des humains dans ses locaux de Wall Street. La diffusion des climatiseurs commençait, dans les magasins et les locaux commerciaux d'abord, puis dans les logements à partir des années 1960.

Presque tous les logements et bureaux américains sont aujourd'hui climatisés. 1,6 milliard d'unités sont installées dans le monde et on en prédit 4,5 milliards en 2050, soit le nombre de smartphones aujourd'hui.

Derrière cette diffusion, des décisions de particuliers, d'entreprises, d'administrations qui y ont vu des bénéfices excédant le coût du climatiseur. Pour les premiers, la motivation principale a toujours été le confort thermique. Nous avons tous expérimenté l'inconfort d'une nuit dans une chambre à 30 °C. De ce point de vue, le climatiseur est l'équivalent pour un pays chaud de la chaudière dans les zones plus froides. Une machine qui consomme de l'énergie pour nous protéger des températures extrêmes.

Pour les entreprises qui climatisent des bureaux ou des ateliers, le confort des salariés n'est pas que plaisir, il est source de profits. Singapour est sans doute le plus beau succès économique de l'après-guerre parmi les pays de la zone tropicale. À la fin de sa longue carrière politique, Lee Kuan Yew, qui fut Premier ministre jusqu'en 1990, expliquait dans une interview que sa première décision, une fois élu, fut de climatiser les locaux dans lesquels travaillaient les fonctionnaires. « L'air conditionné a changé la nature de la civilisation en rendant possible le développement sous les tropiques », ajoutait-il, et il le désignait comme le second facteur explicatif du miracle économique singapourien, derrière la tolérance multiculturelle.

Sans préjuger de la validité de la thèse de Lee, l'effet positif de la climatisation sur la productivité est établi depuis longtemps[1]. Parmi les premiers travaux scientifiques, évoquons une étude publiée en 1946 par la Royal Navy sur les télégraphistes décodant les messages en morse dans les navires. Instruite par l'expérience accumulée au cours de la Seconde Guerre mondiale, la marine britannique s'interrogeait sur l'intérêt de climatiser ses navires. Pour alimenter cette réflexion, elle soumit alors onze télégraphistes à une expérience d'exposition à la chaleur dans des conditions rigoureusement contrôlées, afin de mesurer son effet sur les erreurs de décodage. Les résultats furent clairs : des erreurs multipliées avec l'augmentation de la température, jusqu'à être huit fois plus fréquentes au-delà de 40 °C. D'autres études, dans différents secteurs et différents pays, ont depuis lors largement confirmé l'effet négatif de la chaleur sur la productivité des salariés, et donc l'effet positif de la climatisation. La production des usines automobiles américaines diminue ainsi de 8 % les semaines au cours desquelles la température dépasse 32 °C[2], et les centres d'appels indiens perdent 10 % de productivité à 28 °C par rapport à une température optimale de 22 °C[3]. Une récente étude nous apprend même que les joueurs de tennis professionnels font en moyenne 10 % de doubles fautes de service en plus pendant un match joué à 35 °C par rapport à un match joué à 15 °C[4].

La chaleur ne ralentit pas seulement l'activité des salariés et la performance des sportifs. Elle freine les apprentissages des plus jeunes. Une étude américaine a ainsi mesuré son impact sur la performance scolaire de 10 millions de lycéens[5]. Elle confirme le résultat, mais surtout elle montre que le déficit de connaissances ainsi créé persiste plusieurs années, handicapant les lycéens sur le long terme. La comparaison des établissements climatisés et non climatisés met en évidence que la présence de climatiseurs divise cet effet par cinq.

Le climatiseur sauve également des vies. Toujours aux États-Unis, la mortalité liée aux vagues de chaleur a été divisée par cinq au XXe siècle. Des chercheurs ont estimé la contribution relative de trois facteurs pouvant l'expliquer : l'accès aux soins, mesuré par le nombre de médecins par habitant dans l'étude, l'accès à l'électricité, l'hypothèse étant qu'elle permet l'usage de ventilateurs et de mieux conserver les aliments pendant les canicules, et la diffusion de la climatisation. Leur conclusion est sans ambiguïté : l'installation de climatiseurs explique l'essentiel de la diminution observée. Depuis 1960, l'air conditionné aurait ainsi évité 17 000 décès prématurés par an.

L'inégale adaptation ou la double peine

Les Américains ne sont évidemment pas les seuls à être frappés par les vagues de chaleur. Ils sont même nettement moins exposés que les habitants des régions tropicales et subtropicales. Le nombre de degrés-jours de refroidissement (DJR) est l'un des indicateurs utilisés par les spécialistes pour apprécier le niveau de cette exposition. Il s'agit du nombre de degrés d'un jour donné dont la température moyenne surpasse 18 °C. Par exemple, si elle est de 21 °C, la valeur DJR pour ce jour est égale à 3 °C. La somme des DJR constatée sur l'ensemble de l'année à un endroit donné fournit alors une mesure de son exposition à la chaleur.

Un Indien subit quatre fois plus de DJR qu'un Américain, et dix-sept fois plus qu'un Français[6]. Ces chiffres deviennent choquants quand on les met en perspective avec les niveaux de diffusion de la climatisation active. Alors que la plupart des logements américains sont équipés de climatiseurs, ce n'est vrai que pour 5 % seulement en Inde[7]. Conséquence, un jour de canicule supplémentaire augmente vingt-cinq fois plus le taux de mortalité en Inde qu'aux États-Unis.

Ce décalage entre niveau du besoin et équipement a une cause évidente, le revenu. En Inde, le climatiseur est un objet de luxe dont l'accès est réservé à la bourgeoisie urbaine. Il est, à l'inverse, accessible à presque tous les ménages américains. On touche là à une caractéristique très générale du problème climatique. Les pays plus pauvres, souvent localisés aux basses latitudes, sont plus exposés aux extrêmes climatiques et disposent de capacités plus limitées pour modérer leur impact. À Phoenix en Arizona, malgré un nombre de DJR parmi les plus élevés du monde, l'air conditionné permet de traverser confortablement la « mauvaise saison », l'été en l'occurrence, pendant que des dizaines de milliers d'Indiens succombent chaque année sous l'effet de la chaleur.

La recherche nous apprend également que la demande de climatiseurs décolle dans un pays quand le revenu annuel moyen atteint 10 000 dollars[8]. Or les économies émergentes en croissance rapide comme l'Inde approchent de ce seuil. La diffusion massive de la climatisation va donc démarrer. Ces pays rejoindront ainsi progressivement les pays industrialisés exposés à la chaleur et déjà équipés, comme les États-Unis, le Japon, la Corée. La Chine a ouvert la voie : proche de zéro il y a quarante ans, le taux d'équipement en climatiseurs y dépasse aujourd'hui 60 %. Le rattrapage économique et son effet sur la diffusion de la climatisation active auront ainsi réduit les inégalités entre pays face à la chaleur.

Mais les inégalités persisteront à deux niveaux. À l'intérieur des pays d'abord. En 2050, seule la moitié de la population indienne aura par exemple installé un climatiseur dans son logement[9]. Et parce que cet effort est financé par les particuliers, cela concernera de manière disproportionnée les plus riches. La France, dans une moindre mesure car l'exposition à la chaleur y est plus faible, est, elle aussi, concernée. Les cadres et professions intellectuelles supérieures sont deux fois plus équipés que les personnes sans emploi et les inactifs, nous apprend l'Ademe. Ces inégalités persisteront aussi entre les pays, car nombre d'entre eux restent très éloignés du seuil des 10 000 dollars, alors qu'ils comptent parmi les plus exposés de la planète à la chaleur. Dans le top 10 mondial des pays aux DJR les plus élevés, on trouve 6 pays d'Afrique subsaharienne dont le revenu par habitant ne dépasse pas 2 500 dollars[10].

Le côté obscur de la force

Ce bel édifice, avec ces vies sauvées du fait du rattrapage économique de certains pays des régions tropicales et subtropicales, ne tiendra que si les climatiseurs ne réchauffent pas (trop) la planète. Et c'est là que le bât blesse.

L'essentiel se jouera dans les économies émergentes, car les besoins de refroidissement y sont gigantesques. Pour les quantifier, des chercheurs ont récemment multiplié les DJR par la taille de la population pour tous les pays de la planète[11]. En tête du classement mondial, l'Inde pèse à elle seule plus du quart du besoin mondial de refroidissement. Elle est suivie par la Chine, puis par l'Indonésie, le Nigeria et le Brésil. Premier pays industrialisé dans la liste, les États-Unis ne représentent que 2 % du total ! La France ? Moins de 0,1 %. Ces chiffres ouvrent des perspectives vertigineuses sur la consommation d'électricité qui nous attend avec la diffusion de la climatisation dans les pays du Sud en croissance rapide.

L'Agence internationale de l'énergie[12] s'est justement livrée à une analyse prospective de la consommation d'électricité prenant en compte l'augmentation des besoins de refroidissement, la croissance des revenus et l'effet de ces deux facteurs sur la diffusion des climatiseurs. Pour l'Inde, elle prédit une multiplication par quinze de la consommation d'électricité alimentant les climatiseurs. En 2050, ces derniers utiliseraient près du tiers de l'électricité produite dans le pays. Les prévisions de l'Agence sont tout aussi impressionnantes pour le Moyen-Orient, l'Indonésie, la Thaïlande ou le Brésil. Moins exposée à la chaleur, l'Europe ne verrait sa consommation « que » tripler.

Les conséquences environnementales de ces augmentations dépendront des sources d'énergie utilisées pour produire l'électricité. Si elles sont renouvelables ou nucléaires, les émissions de gaz à effet de serre resteront contenues. S'il s'agit d'énergies fossiles, la climatisation contribuera à accélérer le réchauffement de la planète. Ce dernier scénario est loin d'être improbable. Aujourd'hui, les deux tiers de l'électricité mondiale sont produits avec du gaz et du charbon. Et les pays qui s'apprêtent à installer massivement des climatiseurs comptent parmi ceux dans lesquels le mix électrique est le plus polluant : 75 % de charbon en Inde, 60 % en Indonésie, par exemple. S'ils continuent sur cette trajectoire, s'installera un cercle vicieux avec des climatiseurs installés pour rafraîchir des bâtiments qu'ils contribueront à réchauffer en émettant du carbone.

Le risque climatique ne s'arrête pas là car les gaz frigorigènes réchauffent, eux aussi, l'atmosphère. Un climatiseur fonctionne sur le même principe qu'un réfrigérateur : le refroidissement est assuré par la circulation de gaz qui absorbent la chaleur à l'intérieur d'un frigo, ou d'un bâtiment, pour la rejeter ensuite à l'extérieur. Ces gaz frigorigènes circulent en circuit fermé, mais ils peuvent être relâchés dans l'atmosphère, notamment lors de la destruction de l'appareil en fin de vie. Or ils comptent parmi les gaz à effet de serre au pouvoir de réchauffement le plus élevé, 2 800 fois celui du dioxyde de carbone pour les hydrofluorocarbures (HFC), les gaz les plus fréquemment utilisés. Faute de solutions pour extraire les gaz lors du démontage des appareils ou les remplacer par des fluides ne présentant pas cet inconvénient, l'effet climatique peut être catastrophique. La climatisation contribue également au réchauffement en relâchant de l'air chaud à l'extérieur pendant le fonctionnement de l'appareil, contribuant à la formation d'îlots de chaleur dans les villes denses. Il s'agit d'un problème de réchauffement local sur lequel nous reviendrons plus loin.

Échapper au cercle vicieux de la climatisation

Décarboner l'électricité, récupérer avec précaution les gaz frigorigènes lors du démontage des appareils ou les substituer sont des opérations coûteuses dans lesquelles ne se lancent pas spontanément les producteurs d'électricité, les fabricants de climatiseurs ou les entreprises en charge du traitement des appareils en fin de vie. Des politiques publiques doivent les y inciter ou les y contraindre. Quelle est alors la probabilité de mise en place d'une intervention publique à la mesure de l'enjeu ? La question est ardue mais elle est la clé d'une évaluation sérieuse des effets environnementaux de l'air conditionné.

Cette intervention publique s'inscrit concrètement dans des politiques climatiques nationales, elles-mêmes déterminées par les engagements pris par les pays dans le cadre de la négociation climatique internationale. Pour ce qui concerne plus spécifiquement l'effet environnemental de la climatisation, la question est de savoir si ces politiques seront à la hauteur dans les pays à la fois chauds et dont le revenu dépasse ou va dépasser les 10 000 dollars dans un avenir proche. Autrement dit, aux États-Unis, au Japon, en Chine, en Inde, au Brésil, en Indonésie, en Afrique du Sud… L'Europe ne pèse, elle, pas grand-chose, non parce qu'elle ne s'équipera pas, mais parce que l'intensité du réchauffement – et donc l'usage des climatiseurs – y restera plus modérée. Dans l'Union européenne, on estime que la climatisation ne pèsera que 2 % de la consommation d'énergie en 2050.

L'étude de l'Agence internationale de l'énergie déjà évoquée plus haut est fondée sur l'hypothèse d'un respect des engagements de réduction des émissions de gaz à effet de serre pris par les pays en 2015 dans le cadre de l'accord de Paris. Elle prévoit ainsi un doublement des émissions de carbone induites par la climatisation. Un résultat inquiétant, mais peu surprenant puisqu'il reflète une réalité connue : ces engagements restent aujourd'hui insuffisants pour limiter le réchauffement à moins de 2 °C par rapport aux niveaux préindustriels.

Le fait que de nombreux pays aient depuis renforcé leurs engagements, y compris ceux destinés à s'équiper massivement en climatiseurs, peut rassurer. À la surprise générale, Narendra Modi, le Premier ministre indien, a même annoncé un objectif de neutralité carbone pour l'Inde en 2070, un horizon lointain mais assez cohérent avec la responsabilité historique limitée du pays dans la constitution du stock de carbone aujourd'hui présent dans l'atmosphère.

On peut à l'inverse s'inquiéter en rappelant que le non-respect des engagements est un grand classique de la négociation climatique internationale. Le protocole de Kyoto, signé en 1997, n'a ainsi été respecté que par l'Union européenne. Nous reviendrons plus longuement dans le chapitre 7 sur l'incertitude qui entoure le respect des objectifs de l'accord de Paris.

La technologie qui sauve ?

Améliorer la performance énergétique des climatiseurs vendus sur le marché est un moyen de limiter l'impact climatique. D'aucuns voient même dans cette amélioration des technologies de climatisation une planche de salut dans l'éventualité d'une décarbonation trop modeste de l'électricité.

Coexistent aujourd'hui sur le marché des modèles de climatiseurs d'efficacité très variable. L'équipement moyen vendu en Europe consomme ainsi deux fois plus d'électricité que le modèle le plus sobre disponible sur le marché[13]. Le modèle le moins efficace en Inde est même six fois plus énergivore que le modèle le moins consommateur vendu aux États-Unis. Par ailleurs, un climatiseur consomme aujourd'hui deux fois moins d'électricité qu'un appareil vendu en 1990. Si l'on est capable d'orienter les décisions d'achat vers les modèles les plus efficaces, si les meilleures technologies disponibles sont transférées dans les pays émergents et si l'innovation accélère, une bonne partie du chemin vers la décarbonation de la climatisation sera parcourue. Ne resterait qu'à installer quelques panneaux solaires et le tour serait joué.

Cet espoir est, au moins en partie, illusoire. Pourquoi l'acheteur moyen préfère-t-il aujourd'hui un climatiseur moins efficace que le meilleur du marché ? Parce qu'il est moins cher. Au Brésil, en Inde, en Indonésie ou ailleurs dans les pays à croissance rapide, quelques milliards de personnes aux revenus modestes vont bientôt acheter leur premier climatiseur. Vont-ils s'équiper avec un modèle haut de gamme moins gourmand en énergie ? Et si la demande pour la performance énergétique dans ces pays où se fera l'essentiel de la croissance du marché reste limitée, les fabricants d'équipements augmenteront-ils leurs investissements dans la R&D ? La réponse est incertaine. Ces entreprises, chinoises, coréennes, japonaises, américaines, ont aujourd'hui des stratégies globales et leurs efforts d'innovation sont tirés par les besoins exprimés sur les marchés à haut potentiel.

Pas plus qu'aujourd'hui les forces du marché ne suffiront donc à assurer la diffusion d'équipements plus efficaces dans les pays émergents ni à accélérer l'innovation. Elles devront nécessairement être complétées par une intervention publique promouvant l'efficacité énergétique. Concrètement, cela implique des réglementations fixant un niveau minimal de performance énergétique des appareils, un étiquetage énergétique obligatoire pour informer les acheteurs potentiels sur leur coût de fonctionnement, des subventions à l'achat des modèles les moins énergivores. Nous revenons ainsi à la question générale soulevée précédemment, la capacité et la volonté des États à contribuer activement à la lutte mondiale contre le changement climatique.

La course à la performance des climatiseurs souffre d'un handicap supplémentaire, l'effet « rebond ». Le concept, introduit par Stanley Jevons, un économiste anglais du XIXe siècle, décrit une réalité toute simple : un équipement plus performant est davantage utilisé. Concrètement, le propriétaire d'un climatiseur consommant moins d'électricité aura tendance à l'utiliser plus souvent, plus longtemps et à le régler sur une température plus fraîche. Une partie du bénéfice de la performance énergétique sera ainsi dissipée dans un rebond d'usage. L'impact est potentiellement important car la facture énergétique grimpe rapidement avec l'intensité de la climatisation. Dans le régime climatique observé en France, diminuer de 1 °C la température intérieure d'un logement pendant les vagues de chaleur, en passant par exemple de 26 à 25 °C, augmente la consommation annuelle d'un climatiseur de l'ordre de 5 à 10 %.

La consommation d'énergie peut parfois rebondir très haut. De 2009 à 2012, le gouvernement mexicain a mis en place un programme subventionnant le remplacement de climatiseurs d'au moins dix ans par des appareils neufs et plus performants. Un apparent succès puisque 2 millions d'appareils ont été remplacés pendant ces quatre années. Sauf qu'une évaluation menée *a posteriori* estime que le remplacement de chaque climatiseur a, en moyenne et toutes choses égales par ailleurs, augmenté la consommation annuelle d'électricité du logement de 2 %[14] ! Derrière ce résultat, une climatisation plus intense l'été, mais aussi le remplacement des anciens appareils par des modèles disposant de fonctionnalités supplémentaires consommatrices d'énergie, comme la fabrication de glaçons. Une forme de rebond plus subtile : le bénéfice de l'efficacité énergétique réduisant le coût de fonctionnement des climatiseurs a été, en quelque sorte, réinvesti dans un nouvel usage, le rafraîchissement des boissons.

Les armes à disposition du régulateur pour contrer l'effet rebond sont limitées. Théoriquement possibles, des réglementations interdisant des températures intérieures trop fraîches semblent difficiles à généraliser car presque impossibles à contrôler en pratique. À l'inverse, on a pu voir que l'injonction à limiter le chauffage l'hiver 2022 à 19 °C a plutôt bien fonctionné en France, mais ce sursaut n'est peut-être que temporaire. Comme le prévoit un décret pris par le gouvernement en 2022, obliger à maintenir fermées les portes extérieures des commerces et des bureaux est une option mais, compte tenu du volume global d'énergie concerné, la mesure reste essentiellement symbolique. La diffusion d'informations auprès des utilisateurs sur l'usage doit jouer un rôle en leur rappelant, par exemple, le coût énergétique d'une climatisation trop intense. D'autant que le ressenti de chaleur est en partie un construit social. La climatisation est en moyenne réglée à 21 °C aux États-Unis, une température jugée trop fraîche par la plupart des Français. Mais la puissance potentielle des effets rebonds nécessite plus que de la pédagogie. Augmenter sur le long terme le coût de fonctionnement des climatiseurs paraît inévitable pour limiter leur usage. Et donc, essentiellement, augmenter le prix de l'électricité. Une mesure qui profiterait aussi à la performance énergétique, comme l'illustre le cas de l'Arabie saoudite où l'efficacité moyenne des climatiseurs vendus y est plus faible qu'en Inde ou en Thaïlande. La raison ? Une électricité peu chère produite avec du pétrole et du gaz locaux. Reste que cela exige, pour être efficace, des augmentations très significatives et donc impopulaires.

Le retour aux sources

Les habitants des régions chaudes n'ont pas attendu l'invention du climatiseur pour se protéger de la chaleur. Et leurs solutions sont toujours disponibles aujourd'hui : des surfaces extérieures blanches réfléchissant les rayons du soleil, des murs épais à forte inertie thermique, des ouvertures de taille réduite ralentissant l'entrée de la chaleur diurne, des cours intérieures facilitant la ventilation nocturne, des volets et autres moucharabiehs combinant protection contre les rayons du soleil et ventilation naturelle, des tours du vent, etc. Et, bien sûr, là où l'eau est disponible, des jardins et des arbres assurant l'ombrage et refroidissant l'air extérieur par évapotranspiration. Compte tenu des inconvénients environnementaux de l'air conditionné et des effets rebonds potentiels, ne faut-il pas plutôt se tourner vers ces solutions de climatisation dites passives ?

Dans les centres urbains des pays industrialisés, il s'agirait d'opérer un virage sur l'aile. Depuis les années 1960, l'air conditionné a contribué à éloigner de ces solutions l'architecture des bâtiments commerciaux et des immeubles de bureaux. Les tours de Manhattan, de la Défense ou de la City, souvent faites de verre et d'acier, sombres, avec de grandes baies vitrées qui ne s'ouvrent plus sur l'extérieur, seraient invivables l'été sans climatiseurs. Plus généralement, la métropolisation a créé des îlots de chaleur dans lesquels l'écart de température avec l'espace périurbain peut dépasser 10 °C pendant les canicules. Ces zones denses sont en effet marquées par la multiplication de surfaces minéralisées, les parois des bâtiments et les revêtements routiers, ou d'espaces publics emmagasinant la chaleur la journée pour la relâcher la nuit, ne laissant aucun répit aux habitants. L'effet est d'autant plus marqué que les bâtiments sont hauts et les rues étroites. Dans ces canyons urbains, la climatisation aggrave la situation. Les jours de canicule s'y accumule l'air chaud rejeté par la climatisation, déclenchant une course entre climatiseurs, chacun refroidissant l'air chaud rejeté par l'autre et réciproquement.

Quelle est alors l'efficacité des solutions de climatisation passive ? Une équipe interdisciplinaire de recherche française apporte des éléments de réponse pour la région parisienne[15]. Un cas pertinent à étudier puisque, d'après une récente étude parue dans *The Lancet*, Paris est, parmi les capitales des pays de l'Union européenne, la plus dangereuse en cas de canicule. Le travail qui a été réalisé est impressionnant. Il combine des modélisations climatiques, pour estimer la fréquence et l'intensité des vagues de chaleur jusqu'à la fin du siècle, une description du parc bâti actuel de la région et de son évolution, et une analyse thermique de l'effet des différentes solutions de climatisation sur la consommation d'électricité et les températures à l'intérieur et à l'extérieur des bâtiments. En prenant en compte ces éléments, les chercheurs prédisent des vagues de chaleur dix à vingt fois plus fréquentes qu'au cours de la période 1960-1990. Elles seraient également plus intenses, un jour moyen de canicule voyant dans cinquante ans la température extérieure dépasser 32 °C pendant quinze heures. Sans climatisation, celle-ci dépasserait ce même seuil pendant sept heures et trente minutes à l'intérieur des bâtiments. Quel est alors l'effet de la climatisation sur cette température intérieure ?

Le premier scénario étudié prévoit l'installation généralisée de climatiseurs. La réponse à la question est alors immédiate. En l'occurrence, les chercheurs la fixent par hypothèse à 23 °C. Le second scénario combine trois solutions passives : l'isolation thermique des bâtiments, leur couverture par des matériaux clairs et réflectifs renvoyant une partie du rayonnement solaire, enfin la création de nouveaux parcs et de zones végétalisées sur 10 % de la surface de l'agglomération, avec un approvisionnement en eau suffisant pour assurer une évapotranspiration. Rappelons que c'est ce phénomène qui, plus que l'ombre des feuillages, rafraîchit l'atmosphère. Si le scénario paraît ambitieux, son impact est pourtant modeste. La durée quotidienne d'exposition à des températures supérieures à 32 °C à l'intérieur des bâtiments ne serait réduite que de 20 % par rapport à la situation sans climatisation. Leurs occupants continueraient à subir ces températures pendant six heures. Ces solutions passives semblent donc très loin de permettre les niveaux de confort intérieur atteints avec les climatiseurs.

Mais la comparaison ne s'arrête pas là. La climatisation active consomme de l'électricité. L'étude prédit une croissance limitée : l'installation généralisée de climatiseurs n'augmenterait la consommation annuelle que de quelques pour cent. Pour une raison facile à comprendre : même avec des vagues de chaleurs estivales beaucoup plus fréquentes, la durée de fonctionnement du climatiseur à Paris restera limitée à quelques semaines par an. Cette hausse mettrait, certes, à rude épreuve le système électrique puisqu'elle serait concentrée sur les jours de canicule. Mais à l'image d'une vague de froid, ce pic de consommation semble gérable. Surtout si une part significative de l'électricité est d'origine photovoltaïque, les panneaux solaires fonctionnant justement à plein la journée pendant les vagues de chaleur. En second lieu, les climatiseurs rejettent de l'air chaud à l'extérieur. À l'échelle de l'agglomération, l'augmentation de la température extérieure serait, elle aussi, contenue : une durée quotidienne à plus de 32 °C allongée de vingt minutes, soit 2 %.

Une étude publiée en 2024 sur l'effet de la végétalisation à Toronto fournit des ordres de grandeur comparables en s'appuyant sur une méthodologie très différente[16]. Les auteurs tirent parti de l'existence d'une infestation par un coléoptère xylophage – l'agrile du frêne – qui a détruit 8 % des arbres de la ville depuis les années 2000. À l'aide de données géolocalisées très fines, ils ont ainsi pu mesurer directement l'effet sur la température extérieure de cette diminution de la couverture arborée. Leurs résultats ? Une diminution de la surface arborée de 10 % dans un « post code » – une unité géographique rassemblant en moyenne 20 logements – y a augmenté la température extérieure moyenne observée au cours des mois de juillet et août de 0,5 °C. Un effet relativement modéré. Une étude sur 93 villes européennes publiée dans *The Lancet* aboutit à la même conclusion. Elle prédit une diminution de la mortalité estivale de 1,84 % si l'on portait la surface arborée des villes de l'échantillon à 30 %[17].

Ces études portent sur des cas particuliers, mais leurs résultats sont suffisamment tranchés pour en tirer des leçons générales. La première est évidente : le pouvoir de refroidissement des solutions passives ne rivalise pas avec celui des climatiseurs. Leur déploiement sans climatisation active maintiendrait un niveau d'inconfort élevé et des risques sanitaires importants. Et ce qui est vrai dans un climat parisien ou canadien l'est encore plus pour les régions plus chaudes des latitudes inférieures.

Cela ne signifie pas pour autant qu'il faille les écarter, et ce pour au moins trois raisons. La première est que les solutions passives peuvent être peu coûteuses. À Toronto, le coût de maintenance d'une surface arborée est vingt fois inférieur à l'économie d'énergie qu'elle induit par le moindre usage des climatiseurs. Autre exemple, fermer ses volets pendant les journées de canicule ne coûte rien et rafraîchit pourtant significativement les logements. La seconde raison est qu'elles ont souvent des bénéfices allant au-delà du rafraîchissement estival des bâtiments. L'isolation thermique des bâtiments réduit sensiblement la facture énergétique de la climatisation, mais aussi celle du chauffage l'hiver. La création de parcs améliore la qualité de vie des habitants toute l'année. La dernière est qu'il existe des situations dans lesquelles la climatisation passive demeurera la seule solution accessible à une large partie de la population dans les régions tropicales ou subtropicales. En Inde par exemple, alors même que les canicules font déjà des ravages, la moitié de la population n'aura pas de climatiseurs en 2050 d'après l'Agence internationale de l'énergie. Et cette part sera encore beaucoup plus élevée dans les pays moins avancés. Pour ces populations, une climatisation passive subie restera la seule solution disponible. Un pis-aller n'assurant malheureusement qu'une trop faible protection.

La maladaptation de l'intervention publique

À l'issue de cette discussion sur les avantages et inconvénients de l'air conditionné et sur le potentiel des options alternatives, sommes-nous en mesure de conclure sur sa désirabilité du point de vue de l'intérêt général dans un monde plus chaud ? Le coût environnemental des climatiseurs dépasse-t-il leurs bénéfices sanitaires et économiques et le confort qu'ils procurent ?

Une réponse binaire à ces questions est évidemment absurde. Personne ne soutiendra que l'air conditionné soit injustifié dans un hôpital marseillais l'été. À l'inverse, il est difficile de juger favorablement la climatisation de terrasses de restaurants alimentée par de l'électricité issue de centrales à charbon. Trancher la question de la maladaptation passe donc par des évaluations au cas par cas, mesurant et comparant l'ampleur des coûts et des bénéfices. Une tâche titanesque si l'on prétend à l'exhaustivité. D'autant qu'elle est confrontée à une difficulté méthodologique majeure : la nécessité de comparer des choux et des carottes. En l'occurrence, des bénéfices et des coûts monétaires – le coût d'achat et d'installation des climatiseurs, leur coût énergétique, les gains de productivité dans les administrations et les entreprises, la réduction des dépenses médicales – avec des impacts qui ne le sont pas ou moins directement – des vies sauvées, du confort, des apprentissages plus rapides, etc.

Une autre approche consiste à identifier les conditions évitant la maladaptation. La diffusion de l'air conditionné est le résultat de décisions individuelles de ménages et d'entreprises qui investissent dans des climatiseurs. Les particuliers en attendent du confort et une diminution des risques pour leur santé, les entreprises espèrent des gains économiques. L'ampleur de ces bénéfices explique la rapidité de leur diffusion dans les pays où le revenu est suffisant. Rappelons le cas de la Chine : presque inexistants dans les années 1980, les climatiseurs équipent aujourd'hui plus de la moitié des logements du pays et le processus n'est pas fini. La France n'est pas en reste. EDF estime que le taux d'équipement est passé de 14 à 22 % entre 2016 et 2019. Environ 800 000 unités de climatisation sont maintenant vendues chaque année d'après l'Agence de la transition écologique (ex-Ademe).

Ces augmentations explosives du nombre d'acheteurs démontrent par l'observation que nombreux sont ceux à juger les bénéfices de la climatisation supérieurs au coût de l'investissement et de la dépense énergétique qu'induit son fonctionnement. Sauf que ces acheteurs négligent un ingrédient essentiel : l'impact de leur décision sur le changement climatique et, dans une moindre mesure, sur le réchauffement plus local des zones urbaines denses. Ce que les économistes appellent génériquement les externalités négatives. Le risque de maladaptation réside dans cette divergence entre l'intérêt individuel, révélé par des comportements qui ne sont pas à la hauteur de leurs conséquences environnementales, et l'intérêt général qui se doit de les prendre en compte. Sans encadrement des choix individuels, une diffusion trop importante de la climatisation active est inévitable eu égard à ses effets négatifs sur l'environnement.

La question n'est donc pas tant la maladaptation de la climatisation active que celle des politiques nécessaires pour l'encadrer, pour susciter les changements de pratiques et pour initier des effets d'entraînement. Avec l'arrivée des pays émergents, une course de vitesse s'installe entre la réduction des émissions de gaz à effet de serre et la diffusion de la climatisation. Une décarbonation de l'électricité, le renforcement des normes d'efficacité énergétique des équipements, des instruments pour favoriser la sobriété de leur usage, de la pédagogie mais surtout une fiscalité sur l'énergie suffisamment élevée pour pénaliser les effets « rebonds ». Le risque est en effet grand que, une fois installés, les climatiseurs fonctionnent, pour des raisons de confort, en dehors des épisodes de forte chaleur et qu'ils soient réglés sur des températures trop fraîches. La recherche sur la région parisienne citée plus haut estime ainsi qu'augmenter l'intensité de la climatisation pour passer d'une température intérieure de 28 à 23 °C multiplie par deux la consommation d'électricité. Sans oublier la promotion et le financement de la climatisation passive comme complément et, bien sûr, le soutien à l'investissement des ménages les plus modestes pour ne pas exacerber les injustices face à la chaleur.

Si l'on évite cette maladaptation de l'intervention publique, le climatiseur aura contribué à réduire les écarts de développement entre pays industrialisés et pays moins avancés des régions chaudes grâce aux gains de productivité engendrés par cet équipement, réduisant ainsi les inégalités économiques entre territoires. Il aura permis le développement économique dans des climats *a priori* peu favorables, à l'image de l'expérience de Singapour. Il sauvera chaque année des centaines de milliers de vies. Sans climatisation active, on imagine mal l'Inde ou l'Indonésie sortir du sous-développement.

En revanche, sans cet encadrement public, la climatisation installera un cercle vicieux dans lequel les climatiseurs alimenteront le réchauffement dont ils sont supposés être l'une des solutions. Une planète dans laquelle cohabiteraient deux mondes. Celui climatisé que préfigure le Qatar ou Phoenix en Arizona : des voitures climatisées, des logements climatisés, des centres commerciaux climatisés pour les loisirs, comme au Villagio de Doha où des gondoles attendent le chaland pour un petit tour sur le canal au bord duquel s'alignent les boutiques, des pistes de jogging et des plages climatisées. Tout cela nourri par du charbon, du gaz et du pétrole. Et un monde pauvre, écrasé par la chaleur, décimé quand surviennent les canicules.

En définitive, ces enjeux se posent en des termes quasiment identiques à ceux du chauffage dans les régions plus froides. Imagine-t-on un monde occidental sans chauffage ? Des bénéfices économiques, des vies sauvées, du confort. Mais aussi des inégalités sociales et de la précarité énergétique. Et son impact climatique car il demeure massivement alimenté par des énergies fossiles. Espérons que le monde émergent réussira avec la climatisation ce que les Occidentaux ont bien du mal à réaliser pour le chauffage. Et s'ils n'y parviennent pas totalement, il nous faudra sans doute accepter pour des raisons éthiques que la climatisation se développe plus vite que la décarbonation dans les pays encore pauvres où le revenu s'élève comme l'Inde ou l'Indonésie. Une question de justice climatique comme nous le verrons au chapitre 9, ces pays étant à la fois plus exposés à la chaleur et marginalement responsables de la création du stock de carbone atmosphérique qui va les réchauffer.

CHAPITRE 3

Les forêts brûlent

Portons nos regards sur les feux dans les bonnes directions.

La planète brûle moins qu'avant mais elle brûlerait moins encore sans le réchauffement et ses mégafeux parcourant des surfaces immenses. Des mégafeux qui se propagent en Amérique du Nord, en Australie mais aussi en Sibérie et au Groenland.

Un biais vers le proche nous fait accorder trop d'importance aux incendies qui menacent des habitations et des terrains de camping. Ou à la vie des mammifères plutôt que des invertébrés.

Les principaux dommages sont ailleurs. Des décès prématurés dus aux fumées qui transportent des microparticules de suie sur des milliers de kilomètres. Des pertes de biodiversité. Des émissions de CO_2 qui représentent au moins 5 % des émissions totales de la planète.

Un autre biais nous pousse à préférer des actions de lutte contre les flammes à la prévention des incendies.

Seule l'atténuation porte l'espérance d'une stabilisation des mégafeux et de leurs dommages dans les régions quasi désertiques boréales ou tropicales.

« La maison brûle et nous regardons ailleurs. » Cette phrase prononcée par Jacques Chirac a marqué le sommet de la Terre de 2002. Un peu plus de vingt ans plus tard, l'incendie n'est pas circonscrit mais il n'est plus possible de regarder ailleurs. Les images effrayantes des mégafeux tournent en boucle chaque été boréal et austral. Les flammes lèchent les habitations, font fuir leurs occupants, encerclent les villes et déciment les animaux. Vue de l'espace, la planète bleue apparaît mouchetée de rouge. Même les astronautes ne peuvent détourner le regard. Les incendies extrêmes se sont-ils soudain propagés depuis le changement de millénaire ? Quelles sont les adaptations possibles devant ce déluge de feu destructeur d'écosystèmes et d'espèces vivantes ?

L'ère du Pyrocène ?

Le feu change l'ordre de grandeur des températures examinées dans les chapitres précédents. Ses flammes dégagent une chaleur de plusieurs centaines de degrés. Elles dépassent même le millier de degrés sur le front des feux extrêmes, quand elles s'élèvent alors dans le ciel à des dizaines de mètres de hauteur. Les incendies exposent dès lors chaque intervention des hommes qui les combattent au risque d'hyperthermie. Leur équipement individuel les protège des brûlures, mais supporter son poids s'ajoute à l'effort physique à déployer et les multiples couches de leur tenue entravent l'évaporation de la sueur. En l'absence de protection, de tels niveaux de température calcinent et détruisent les êtres vivants. Ni les animaux ni les hommes n'y résistent. Pas plus les végétaux, à l'exception des pyrophytes qui ont fini par s'adapter aux feux naturels récurrents. Le séquoia géant en fait partie, la chaleur des flammes aidant même à sa reproduction. Mais l'intensité des mégafeux modifie la donne. En 2020, à la suite d'un immense incendie qui a rasé près de 100 000 hectares en Sierra Nevada, plus d'un tiers de ces géants ont péri[1]. Le plus grand séquoia de Californie a survécu, enveloppé de papier d'aluminium dans sa partie basse. Vieux de plus de deux mille ans, il était menacé par l'avancement du front de feu.

Le terme « mégafeu » est d'apparition récente. Il ne dispose pas encore d'une définition bien établie. Caractérisé initialement par sa vaste étendue, plus de 100 000 acres pour les États-Unis, soit environ 40 000 hectares, il se réfère aujourd'hui à plusieurs autres dimensions, en particulier sa durée, son intensité, le nombre de feux concomitants, la difficulté pour l'endiguer, ou encore ses impacts. L'emploi d'un autre terme s'est propagé comme une traînée de poudre, celui de *wildfire*. Désignant au départ les seuls feux d'origine naturelle, déclenchés par les éclairs par exemple, il a été étendu à l'ensemble des feux non contrôlés. Les forêts ne sont pas les seules proies naturelles des grands incendies. Le Groenland, qui n'est plus une terre chaude et verte couverte d'arbres depuis belle lurette, a connu un immense feu de tourbe durant l'été spécialement chaud et ensoleillé de 2017. Les images satellites de la Nasa qui l'a détecté et suivi ont fait la une des journaux et magazines. Plus près de nous, de vastes étendues du maquis méditerranéen, qu'il soit corse, grec ou marocain, brûlent chaque année.

Les actualités étant diffusées pour être oubliées, remémoronsnous quelques-uns des feux récents qui ont fugitivement marqué les esprits. Commençons par les plus grands. Août 2021 : plusieurs centaines de feux brûlent la taïga de Sibérie et son paysage mélangé de forêts et de tourbières dévorant 17 millions d'hectares, soit deux fois la superficie du Portugal. Les flammes se sont dangereusement rapprochées de Sarov, une cité fermée abritant des recherches atomiques militaires et sans doute aussi des stocks de plutonium. L'été australien à cheval sur 2019 et 2020 : une série de feux du bush a détruit 24 millions d'hectares de savanes arbustives, forêts et broussailles. L'Opéra de Sydney noyé dans la fumée ; des milliers d'Australiens, dos à la mer, réfugiés sur les plages pour échapper aux flammes ; des kangourous terrifiés fuyant l'incendie. Des images qui ont fait le tour du monde, comme celles des fumées montant dans le ciel, passant de l'Australie à l'Amérique du Sud, survolant des parties de l'Antarctique pour revenir dans la zone d'émission par l'ouest quelques semaines plus tard[2].

Terminons ce retour aux actualités passées en restant franco-américains avec les incendies de la réserve naturelle de la Plaine des Maures et du parc de Yellowstone, deux territoires dédiés à la conservation et à la protection de la nature, même si leurs deux superficies ne sont en rien comparables. Août 2021, les deux tiers du site varois, exceptionnel par sa biodiversité, sont détruits par les flammes. Plus de la moitié des tortues des Maures qu'il abrite, une espèce en voie d'extinction en France, ont péri. La dizaine de feux que le parc de Yellowstone a connus cette année-là n'a pas emporté de conséquences catastrophiques pour la faune et la flore. Ils ont concerné une aire minuscule en comparaison des incendies de 1988 qui ont ravagé le tiers du parc et tué plusieurs centaines de mammifères.

Cette séquence rétrospective semble suggérer que les feux sont devenus plus fréquents, plus intenses et plus dévastateurs. Pour verser dans l'emphase, serions-nous entrés dans une ère du feu, dans le Pyrocène, titre d'un livre de Stephen Pyne ?

L'accroissement des feux sur la planète semblerait logique. Dans certaines régions, l'élévation de la température accentue la fréquence et la longueur des périodes de sécheresse. Elle augmente en effet l'évapotranspiration des plantes et des sols et rend donc la végétation plus facilement combustible. D'un autre côté, le changement climatique n'est pas le seul facteur déterminant la superficie détruite par le feu. L'expansion de l'agriculture et de l'élevage joue un rôle décisif. Les forêts amazoniennes, indonésiennes et congolaises brûlent et reculent à cause du défrichage pour installer des prairies ou des cultures. Notez qu'à court terme la végétation naturelle disparaît dans les flammes mais qu'à long terme le développement de l'agriculture réduit souvent les incendies. Une prairie ou une culture contient en général moins de biomasse que la forêt ou la savane où elles se sont installées. Elles présentent donc moins de matière combustible. De plus, les éleveurs et cultivateurs sont sur place pour limiter les incendies. Inversement, la déprise agricole favorise le retour des flammes.

Qu'en est-il alors dans les faits ? La planète brûle-t-elle davantage ? À l'échelle de la planète, les flammes reculent nettement : un article publié dans *Science* estime, à l'aide de données satellites, que la superficie brûlée a diminué d'un quart entre 2003 et 2015[3]. L'expansion agricole en est la principale origine : pour moitié, la diminution des surfaces brûlées observée dans le monde provient de la conversion de la savane africaine en terres agricoles[4]. Près des trois quarts de la superficie brûlée au niveau mondial se situe en Afrique, une réalité peu médiatisée, sans doute parce que ces incendies s'inscrivent dans des actions intentionnelles de défrichage des espaces naturels qui, dans un second temps, réduisent l'incidence des feux.

Observons ensuite ce qui se passe dans les régions du monde où l'expansion des surfaces agricoles relève d'un lointain passé. Aux États-Unis, la superficie brûlée a quadruplé au cours des quarante dernières années[5] et octuplé pour la seule Californie[6]. Des augmentations également, mais de moindre ampleur, pour le Canada. En Australie, la superficie brûlée a doublé sur la période 1988-2018[7], chiffre qui ne tenait pas encore compte du record de l'été 2019-2020. Regardons ensuite du côté des hautes latitudes où les feux sont normalement quasi inexistants, ou plutôt l'étaient. Les incendies se sont en effet considérablement étendus en Alaska, au Groenland et en Sibérie. L'Antarctique reste le seul continent épargné par les flammes.

Le lecteur s'étonnera peut-être que nous n'ayons pas évoqué l'Europe alors que les feux des régions méditerranéennes dominent chaque été l'actualité. C'est qu'elle fait exception : le feu y recule depuis les années 1980[8]. Cela vaut pour toute l'Europe du Sud, sauf le Portugal[9]. La raison du déclin réside principalement dans l'amélioration des capacités et de l'efficacité de la lutte contre les incendies[10]. La France est une bonne illustration de ces progrès, comme le montre un récent ouvrage de l'Académie d'agriculture[11].

Quelle est alors la contribution du changement climatique ? Est-il à l'origine de l'augmentation de la fréquence et de l'ampleur des feux dans les régions où ils sont en croissance ? A-t-il ralenti la réduction de la surface incendiée dans les régions du monde où elle décroît ? L'expansion agricole, les modifications des pratiques et de l'efficacité de la lutte contre les incendies et même, dans certains cas, l'accumulation naturelle de la biomasse combustible agissent sur l'étendue des feux de la planète. Isoler le rôle joué par le réchauffement climatique relève alors de la gageure. Rien à voir avec l'estimation de son impact sur la surface de la banquise ou sur la fonte des glaciers, des phénomènes qui dépendent avant tout de la température. Les incendies dépendent de la vitesse et de la direction du vent, du degré d'humidité atmosphérique, du couvert végétal ou encore de la quantité de biomasse à l'hectare et des interventions humaines dans les écosystèmes concernés.

Une pléiade de scientifiques venus de tous horizons n'a pourtant pas reculé devant l'ampleur de la tâche. Qui de rassembler et traiter les données sur les conditions propices à la naissance et au développement des feux dans les différents écosystèmes et régions terrestres ; qui d'élaborer des modèles prédictifs selon le déficit vapeur-pression et la teneur en eau des végétaux ; qui de corréler l'origine humaine des départs d'incendie et les efforts pour les éteindre avec la densité de population, etc. Un article récent paru dans la *Reviews of Geophysics* recense et résume l'ensemble des résultats obtenus[12]. Ses conclusions sont claires : le changement climatique d'origine anthropique est déjà responsable d'une élévation de la probabilité de feu. Les conditions météorologiques sont devenues plus propices au feu partout dans le monde entre 1979 et 2019, sauf en Asie du Sud-Est. La durée de la période au cours de laquelle elles sont réunies s'est allongée de 27 %, soit quatorze jours en trente ans. Une corrélation positive forte et significative existe entre ces conditions et la surface brûlée chaque année, sauf pour la savane africaine comme nous pouvions l'anticiper à la lecture de ce qui précède. Enfin, l'article met en évidence que ces évolutions sortent du cadre des variations naturelles du climat dans la plupart des régions du globe.

Des études locales quantifient l'ampleur du phénomène sur des feux passés récents. En France, des conditions de feu analogues à celles de l'été caniculaire de 2003 ont une probabilité de 10 % d'advenir chaque année contre moins de 1 % si nous nous étions abstenus de réchauffer la planète[13]. Les feux du bush australien de l'été 2019-2020 sont au moins 30 % plus probables du fait du changement climatique d'origine anthropique[14]. Un jeune chercheur de l'université de Californie à Merced, John T. Abatzoglou, estime que la modification du climat causée par l'homme a contribué à brûler 4,2 millions d'hectares supplémentaires à l'ouest des États-Unis entre 1984 et 2015, soit un quasi-doublement de la surface avalée par les flammes[15].

Pour résumer, parler de Pyrocène semble exagéré. La Terre brûle moins qu'avant. Mais elle brûlerait encore moins sans le réchauffement de la planète, en particulier dans les régions qui ne connaissent plus d'expansion agricole, comme les pays industrialisés, ou les régions qui n'en ont jamais connu comme les zones boréales.

Éteindre les feux ou prévenir les risques ?

Que faire face à des feux qui seront plus nombreux, plus fréquents et plus intenses, au moins dans certaines zones ? La multiplication des moyens en hommes et en matériel pour chercher à les circonscrire et les éteindre est la réponse la plus naturelle. Elle est réclamée dès que la forêt brûle. Les feux de l'été 2022 en France, exceptionnels par leur ampleur, leur nombre et leur distribution dans presque tout le pays – des Landes au Jura, du Var à la Bretagne –, ont montré des pompiers ne sachant plus où donner de la tête et des bombardiers d'eau en nombre insuffisant pour répondre aux besoins. Les images d'hommes du feu épuisés et d'avions cloués au sol pour maintenance ont suffisamment frappé les esprits pour que le président de la République s'engage à brûle-pourpoint à accorder plus de moyens à la Sécurité civile.

Augmenter les moyens pour contenir et éteindre les feux présente cependant une efficacité limitée. La maîtrise des incendies dépend des conditions météorologiques, l'orientation et la vitesse du vent en particulier, et de la combustibilité du couvert végétal. Fréquemment, seul le changement des conditions météorologiques parvient à rendre le feu contrôlable.

L'idée que les efforts doivent désormais moins porter sur la lutte contre les flammes que sur la prévention des risques fait aujourd'hui consensus chez les experts. Elle est notamment défendue par les Nations unies dans un rapport récent[16]. La liste des opérations qui concourent à la prévention est longue : information du public, réduction des activités à l'origine de départs de feu accidentels, débroussaillage des sous-bois et autour des habitations, surveillance des forêts, préparation et planification des interventions des pompiers, cartographie des zones à risque et des infrastructures à protéger, repérage des possibilités d'évacuation de la population, etc. La plupart de ces opérations se réalisent sans bruit et restent peu visibles du grand public. Ce qui rend plus difficile l'augmentation des budgets et les efforts qui y sont consacrés. Dit plus crûment, acheter des bombardiers d'eau orange et rouge qui vont ensuite survoler les crêtes enflammées ou augmenter l'indemnisation des dommages des sinistres une fois les feux éteints est plus payant électoralement parlant.

D'autant que l'acceptabilité politique pèse lourd sur certaines des mesures de prévention. Créer ou étendre des zones à risque dans lesquelles toute nouvelle construction sera interdite, forcer le déménagement des occupants d'habitations existantes, bâties en marge de la loi ou devenues trop vulnérables par leur situation et leurs matériaux, sont des mesures perçues comme brutales par les populations concernées. Pourtant, une grande partie des dommages humains et matériels se localisent dorénavant en lisière du couvert forestier et arbustif, là où s'est développé un habitat résidentiel. Aux États-Unis, presque 50 millions de maisons sont aujourd'hui situées sur cette lisière, un nombre qui augmente de 1 million tous les trois ans. La frontière agricole a cédé la place à la frontière urbaine. La lutte contre l'incendie des zones naturelles ressemble alors de plus en plus à celle menée en milieu urbain, une lutte qui exige de protéger à tout prix les habitants et habitations. Un mouvement renforcé quand la responsabilité de la protection contre le feu est transférée des services forestiers aux corps des pompiers urbains comme en Grèce. Aux États-Unis et en Australie, il est également accéléré par la pression des nouveaux résidents venus s'installer près des espaces naturels qui réclament un niveau de protection comparable à celui des villes, d'où ils viennent souvent d'ailleurs.

La prévention ne relève pas uniquement de l'action publique, les habitants disposent également de solutions pour se protéger : débroussailler, planter des espèces végétales moins inflammables, le thuya, le romarin ou l'eucalyptus par exemple, ignifuger les bâtiments, etc. Leurs incitations à les mettre en œuvre sont toutefois réduites par le fait que l'action d'un seul peut avoir peu d'effet sur sa protection si les voisins ne font pas de même. Un jardin débroussaillé dans un lotissement ne suffira pas à stopper un feu, le débroussaillage de l'ensemble des jardins, plus probablement. C'est moins vrai de l'ignifugeage des bâtiments. Deux chercheurs américains ont calculé qu'une maison plus résistante au feu réduisait la probabilité que la maison voisine soit détruite par le feu de près de 10 %[17]. Coïncidence, l'un des auteurs de l'étude est ce jeune économiste dont nous avons parlé dans le chapitre 1 qui, à partir de 1 million de tweets, a tracé la courbe du bonheur en fonction de la température. Il a cette fois rassemblé des données sur une cinquantaine de milliers d'habitations de l'ouest des États-Unis qui ont été léchées par les flammes et dont un tiers ont été détruites. L'étude identifie donc ce que les économistes appellent une externalité positive, un bénéfice pour d'autres que celui qui supporte le coût de l'investissement. Un phénomène qui limite les incitations individuelles à la prévention.

Les résultats de cette recherche vont bien au-delà de cette mesure du bénéfice externe de voisins avisés. Les auteurs s'interrogent avant tout sur l'effet des normes de construction anti-feu dans les zones à risque. Apportent-elles réellement une meilleure protection en cas d'incendie ou est-il préférable de laisser les résidents décider de leur niveau d'effort et d'investissement pour protéger leur maison ? En théorie, les normes sont nécessaires : outre l'existence des bénéfices externes, les propriétaires méconnaissent les risques, les primes d'assurance reflètent mal les comportements vertueux des assurés, et la puissance publique a souvent tendance à indemniser les dégâts subis. Bref, les incitations pour parvenir au bon niveau de dépenses individuelles de protection sont insuffisantes. Les auteurs confirment par les chiffres la validité de ce raisonnement théorique. La mise en place de normes divise par deux la probabilité de dommages et ce bénéfice excède le coût de la rénovation nécessaire à la mise en conformité des bâtiments.

Des morts, des dollars et du carbone

Les feux entraînent la disparition de vies humaines. Les grands incendies de 2018 en Californie se sont, par exemple, soldés par 104 décès sur le terrain dont 6 pompiers. Il est vrai que ces feux ont cette année-là ravagé 7 700 kilomètres carrés, soit à peu de chose près la superficie du département des Pyrénées-Atlantiques. Mais cette mortalité n'était que la pointe émergée de l'iceberg. Les feux ont en effet relâché dans l'atmosphère des microparticules de suie particulièrement nocives. Emportées par les courants atmosphériques, elles ont voyagé sur plusieurs centaines de kilomètres, dégradant la qualité de l'air pendant plusieurs mois sur une très grande zone. Une équipe d'universitaires a estimé que ces incendies auraient été à l'origine de plus de 3 000 décès[18], dont environ le tiers concerne des habitants hors de la Californie. Sur le plan mondial, on estime que 5 à 8 % des décès prématurés dus à la mauvaise qualité de l'air peuvent être attribués aux microparticules dégagées par les feux[19].

L'équipe ne s'est pas arrêtée à l'étude de la mortalité, elle a également estimé les pertes économiques induites. Elles approcheraient 150 milliards de dollars, soit 1,5 % du produit intérieur brut (PIB) de la Californie. La plus grande partie ne provient ni des frais médicaux ni des destructions de bâtiments mais de la perte économique dans les secteurs des services et de l'industrie. L'industrie de la chimie qui est très présente dans l'État de Californie a été particulièrement perturbée par des ruptures dans ses chaînes d'approvisionnement liées aux dégâts aux infrastructures de communication, d'énergie et de transport. L'essentiel des destructions de bâtiments ne concerne pas non plus les habitations mais les constructions commerciales, industrielles et publiques. Un autre résultat, qui peut surprendre, est l'importance des dommages économiques hors de la Californie, l'État dans lequel l'incendie est resté circonscrit. Ils comptent pour un tiers du total sous la forme de pertes de valeur ajoutée pour les entreprises extérieures ayant des liens commerciaux avec des entreprises californiennes.

Les incendies contribuent à l'effet de serre. En brûlant, le carbone des cellules ligneuses se combine à l'oxygène de l'air et forme alors du CO_2. Environ 70 millions de tonnes de cette molécule se sont ainsi retrouvées dans l'atmosphère à la suite du mégafeu californien de 2018. Ce chiffre représente vingt ans d'efforts de la Californie pour réduire ses émissions, vingt ans d'atténuation qui sont donc partis en fumée[20]. Autres chiffres et autres points de comparaison : le mégafeu de 2019-2020 en Australie a rejeté, selon les estimations, entre 400 et 700 millions de tonnes de CO_2 dans le ciel[21], soit, si l'on se base sur l'estimation la plus basse, autant que le niveau d'émission annuel du pays ; 250 millions de tonnes de CO_2 pour le mégafeu arctique de 2020, soit l'équivalent des émissions de l'Espagne pour la même année. Au total, les émissions de CO_2 dues aux incendies représenteraient entre 5 et 8 % des émissions totales sur la planète. Plus encore si l'on considère les émissions associées aux incendies de tourbières[22].

Mais attention, ces volumes d'émissions n'offrent qu'un instantané de la contribution des incendies au bilan carbone de la planète. Pour l'évaluer correctement, une approche dynamique s'impose, puisque le couvert végétal qui pousse après les feux va contribuer par la photosynthèse à absorber du CO_2. Un puits de dioxyde de carbone détruit sera ainsi remplacé par un autre, éventuellement plus profond car les arbres plus jeunes captent plus de CO_2. Le calcul complet des émissions suppose donc d'estimer la différence entre le montant des émissions instantanées et le carbone qui sera séquestré par le couvert végétal qui se réinstallera sur les surfaces détruites. Une différence qui peut être positive ou négative. L'exercice est donc complexe, surtout à grande échelle. Il semble cependant que sur le temps long les feux contribuent globalement aujourd'hui à augmenter le stock de carbone dans l'atmosphère. Y participent notamment les incendies de tourbe en zone boréale, les défriches par brûlis en Indonésie et même les feux en Australie[23]. Dit autrement, la forêt mondiale n'est plus un puits de carbone mais une source d'émissions.

Les pertes de biodiversité

Les incendies ont de tout temps exercé une pression sélective sur les espèces végétales et animales, conduisant à l'apparition d'espèces ou variétés nouvelles. Sans le feu, le monde ne connaîtrait pas d'insectes ni d'arbres pyrophiles. Ni des écosystèmes différents, plus nombreux dès lors que les incendies varient selon les périodes, les zones et leur intensité. La pyrodiversité engendre la biodiversité, dit-on. Mais ici encore, les feux d'aujourd'hui, les mégafeux tout particulièrement, changent la donne : la destruction des organismes vivants par les flammes ne semble plus compensée sur le long terme par le renouvellement naturel.

Les feux australiens de l'été 2019-2020 en donnent une illustration saisissante. Une première estimation indicative de leurs ravages pour la biodiversité paraît début janvier, alors que les feux se poursuivent encore. Réalisée par un chercheur de l'université de Sydney, elle avance la disparition de 800 millions d'individus en se limitant aux oiseaux, reptiles et mammifères[24]. Manifestant l'étendue du carnage, ce nombre se répand comme une traînée de poudre dans les médias du monde entier. Il devient vite indissociable des images de kangourous et de koalas aux yeux hagards cernés par les flammes. Autre estimation, la population de vertébrés qui était présente dans les zones ravagées par les feux, et donc susceptible d'avoir été détruite, s'élèverait à 2,8 milliards d'individus[25]. L'attention des chercheurs et du public australien s'est également portée sur les conséquences sur les espèces en voie de disparition. Six d'entre elles ont vu la superficie de leur habitat réduite au moins de moitié.

Une proportion qui atteint même 80 % pour un petit marsupial appelé le potoroo à longs pieds. Selon les experts, le territoire qui reste à quatre espèces ne permettra pas à la population actuelle de croître significativement au cours de la décennie à venir. Cet exemple de l'Australie fait comprendre que la forêt est essentielle pour la biodiversité. Elle abrite d'ailleurs les quatre cinquièmes des espèces terrestres.

Comment comptabiliser les pertes de biodiversité pour les ajouter aux dommages des incendies qui naissent partout sur la planète ? Les chiffres sur les incendies australiens apportent un éclairage sur l'ampleur du désastre mais ils ne peuvent en constituer une mesure rigoureuse. En se limitant aux oiseaux, reptiles et mammifères, ils excluent par exemple l'immense majorité des espèces vivantes. En ajouter ne résoudrait cependant pas le problème. Ne serait-ce qu'inclure les insectes conduirait à faire exploser le nombre d'individus détruits. Le chiffre obtenu représenterait alors essentiellement la destruction des insectes, invalidant *de facto* la prétention de cette métrique à quantifier l'effet global sur la biodiversité. On pourrait alors arguer qu'une fourmi tuée ne vaut pas la mort d'un kangourou. Ah bon ? Mais pourquoi ? Parce qu'une fourmilière compte des millions d'insectes ? Et, au fait, un kangourou vaut-il autant qu'un potoroo ? Derrière ces questions surgit celle de la hiérarchie que l'être humain applique aux différentes espèces. Un sujet qui a suscité des réflexions théoriques et des analyses critiques passionnantes mais qui dépassent largement l'ambition de ce chapitre.

Résumons seulement trois d'entre elles. La première est que notre compassion s'adresse d'abord à ceux qui nous ressemblent. Sur ce thème, trois chercheurs du Muséum d'histoire naturelle de Paris se sont livrés à un travail aussi sérieux qu'amusant[26]. Présentant des photos de différentes espèces par paire, ils ont demandé à quelques milliers de personnes : « Quel individu sauveriez-vous en priorité s'ils étaient tous les deux en danger de mort ? » Du gorille à la lamproie en passant par la grenouille, la compassion mesurée par la probabilité d'être choisi décroît, puis se stabilise à partir de la méduse jusqu'aux plantes. Le trio montre ainsi que le degré de compassion est négativement corrélé à la distance qui nous sépare dans l'ordre d'apparition de l'espèce. Par million d'années en moins, la probabilité d'être choisi augmente d'environ 1 %. Les chercheurs ont également repéré que le point de rupture de notre sentiment de compassion ne se situe pas juste après les vertébrés mais seulement après les bilatériens, ces animaux sans vertèbres qui présentent comme la lamproie une symétrie droite-gauche et un avant et un arrière reconnaissable. Une caractéristique que ne présentent pas des animaux plus anciens dans l'arbre de l'évolution, comme la méduse. Bref, on semble d'autant plus aimer notre prochain qu'il est proche de nous par son apparition sur terre et sa symétrie bilatérale.

En second lieu, les économistes, conscients de l'existence de ce type de hiérarchie et animés par leur projet de partir des préférences des individus, n'ont pas ménagé leurs efforts pour essayer de donner des valeurs monétaires à des éléments de biodiversité – une espèce, un écosystème, par exemple –, pour pouvoir les comparer entre eux et les intégrer dans des analyses coût-bénéfice. De nombreuses tentatives ont été menées. Elles ont le mérite d'avoir apporté des éclairages ponctuels. Telle plante de la pharmacopée ou tel coquillage comestible présentent un intérêt qui peut être approché par leur prix de marché. Tel ensemble d'animaux d'un zoo ou d'une réserve naturelle apparaît valoir au moins le montant dépensé pour les regarder et les approcher. Telle espèce mériterait d'être protégée car des personnes interrogées déclarent qu'elles seraient prêtes à payer telle somme pour ce faire.

Cette dernière méthode de monétarisation consistant à interroger les personnes sur ce qu'elles seraient prêtes à payer pour la consommation ou la préservation de tel ou tel élément de biodiversité s'appelle l'évaluation contingente. Elle offre le plus grand champ d'applications car elle est susceptible de porter sur le plus grand nombre d'espèces, des plus emblématiques comme le rhinocéros blanc et l'orang-outan aux plus communes à l'instar des vers de terre ou des méduses. Elle a conduit l'analyse économique à sortir de son territoire de prédilection sur l'utilité des choses et des êtres. À quitter le sentier battu qui n'accorde une valeur qu'aux seules espèces pour lesquelles l'être humain a trouvé un usage par les biens ou les services qu'elles lui procurent. L'économiste John Vasil Krutilla a été pionnier en la matière, en proposant d'associer une valeur d'existence aux espèces. L'analyse économique reconnaît ainsi une valeur intrinsèque aux espèces, position qui la rapproche de l'anthropologie et de l'éthique. Partha Dasgupta, un économiste de l'environnement et des ressources naturelles, n'appelle-t-il pas lui-même à cesser de séparer l'humain et le non-humain, à l'instar des anthropologues, et à resacraliser notre rapport à l'ensemble des êtres vivants[27] ?

Le troisième point porte sur la prise en compte des écosystèmes. Les espèces qui peuplent un même territoire sont dépendantes les unes les autres. Cette interdépendance écologique n'est pas prise en compte par la simple agrégation des valeurs individuelles. La conservation d'une espèce peut par exemple bénéficier à d'autres espèces du milieu naturel où elle vit. Ou inversement, si l'on pense à des espèces invasives, son extinction rendrait service aux autres ! C'est le cas par exemple des hippopotames qu'un baron colombien de la drogue avait introduits dans son ranch. Sans prédateurs locaux, la population a aujourd'hui dépassé la centaine. Elle menace désormais la diversité de la vie aquatique des rivières des environs[28].

Martin Weitzman, un professeur de l'université Harvard à qui l'économie de l'environnement doit beaucoup, a proposé une analyse stimulante du problème de la biodiversité en s'appuyant sur la métaphore de l'arche de Noé. Il s'est intéressé non à la monétarisation des espèces mais à la question de savoir lesquelles conserver en priorité. Avant de faire tomber le Déluge, Dieu commande à Noé de construire une barge à trois étages pour embarquer « tout ce qui est chair, oiseaux, bestiaux et tout ce qui rampe sur terre ».

De même que l'arche, malgré des dimensions peu ordinaires, ne peut contenir qu'un nombre limité de couples d'animaux, la protection des espèces est soumise à une contrainte budgétaire. Weitzman part ainsi de l'idée que les sociétés ont décidé d'allouer un certain montant à la conservation de la biodiversité pour s'interroger alors sur la façon la plus économiquement intelligente d'utiliser ce budget.

Conserver les espèces qui ont la plus grande valeur par ordre décroissant jusqu'à l'épuisement du dernier euro du budget n'est pas la bonne réponse. Pour sélectionner une espèce ou non, il convient de prendre en considération sa valeur mais aussi ce qu'apporte la dépense pour sa survie, soit précisément la chance de survie supplémentaire apportée par la mesure de protection et rapportée à son coût en euros. À ce critère, s'ajoute la valeur de l'espèce pour la biodiversité. Weitzman propose de prendre en compte son caractère distinctif, soit précisément la distance génétique qui la sépare de l'espèce qui lui est biologiquement la plus proche. Cette métrique mesure ainsi la contribution qu'apporte une espèce donnée à la diversité des écosystèmes. Ce bénéfice intrinsèque de la diversité est ensuite complété par la valeur de l'espèce telle qu'elle est évaluée dans l'approche classique qui mesure les consentements à payer la préservation de telle ou telle espèce individuelle. Ainsi, ni cette seule valeur qui conduirait à principalement embarquer comme Noé des mammifères, ni seulement le caractère quasi unique d'une espèce dans le règne animal, ni même seulement les espèces les moins coûteuses à protéger, aucun de ces critères seul ne doit être privilégié. C'est bien la combinaison d'un indice d'efficience, d'un indice de diversité et d'un indice de valeur de l'espèce qui apporte la réponse au problème de Noé.

L'arche ne peut contenir l'ensemble des espèces animales, ce qui oblige Noé à faire des choix. Elle présenterait en revanche une taille amplement suffisante pour préserver la diversité génétique des plantes pour l'alimentation. Cette arche existe. Elle s'est échouée au début du siècle au milieu du Spitzberg près du pôle Nord. Elle a pris le nom de Réserve mondiale de semences du Svabard et la forme d'une chambre forte souterraine et réfrigérée au bout d'un très long couloir percé à flanc de montagne, dans laquelle sont stockées les graines de près de 1 million d'espèces végétales. Elle devait les mettre à l'abri des tremblements de terre mais aussi des incendies et des inondations. Elle a pourtant connu sa première inondation en 2017. En cause, des pluies diluviennes dans une région qui ne connaissait que les tempêtes de neige, ainsi que le dégel du permafrost sous l'effet de températures estivales inconnues jusqu'alors. Les chambres de stockage n'ont heureusement pas été touchées. Mais faudra-t-il un jour les déménager plus au nord ?

Au terme de ce chapitre, qu'avons-nous appris ? Si l'on exclut le cas des incendies associés à la conquête agricole, il apparaît que les feux se multiplient, s'étendent et gagnent en intensité. Ce qui affecte tous les habitants de la planète, et non les seules populations vivant dans les zones incendiées. Les fumées se dispersent sur de très larges étendues, provoquant des décès par respiration des microparticules qu'elles contiennent, une mortalité nettement supérieure à celle associée aux victimes directes des incendies. Les feux relâchent également du carbone dans l'atmosphère, renforçant, au moins à court terme avant la reconstitution de la biomasse sur les zones incendiées, le réchauffement de la planète ; le feu attise le feu. Les mégafeux participent aussi à la sixième extinction[29] puisque la forêt abrite la plus grande partie des espèces terrestres.

Le potentiel de l'adaptation pour réduire les dommages des feux est différent selon qu'ils menacent des zones habitées ou qu'ils brûlent de vastes étendues vides de population. Dans le premier cas, la prévention offre de nombreuses possibilités pour empêcher le déclenchement des incendies et limiter leurs dommages. Ces mesures sont moins spectaculaires et donc moins populaires que la lutte contre les incendies menée par des pompiers et des bombardiers d'eau. Malheureusement, car la prévention en amont est bien plus efficace que la lutte contre les incendies en cours. Dans le second cas, celui des mégafeux de la forêt boréale par exemple, faute de moyens, les hommes ne peuvent que contempler les images satellitaires de la planète qui rougeoie et s'enfume.

CHAPITRE 4

L'économie du ski quand la neige fond

L'adaptation par la multiplication des enneigeurs n'aura qu'un temps.

Face au manque croissant de flocons naturels, la course technologique à la neige artificielle est à terme condamnée. Elle finira par détourner les skieurs de leur loisir au profit d'autres destinations de vacances.

L'adaptation par la production de neige artificielle se heurte à des contraintes croissantes, financières, de ressource en eau et de consommation d'électricité. La voie d'une adaptation par le développement d'activités hors ski est également semée d'embûches. À l'instar de parcs aquatiques géants en montagne, elle n'est pas toujours vertueuse pour l'environnement.

En tout état de cause, ces mutations feront des perdants. Tout un ensemble d'infrastructures et de compétences va devenir inutile.

C'est aux communes de choisir leur chemin entre la continuité du tout-ski et la reconversion. Mais celles qui optent pour un dernier round d'enneigement artificiel ne doivent pas bénéficier d'aides publiques. Ces dernières doivent être réservées aux stations expérimentant de nouveaux modèles de développement.

Moins de neige en hiver, des pistes souvent fermées à Noël et un enneigement incertain même plus tard dans la saison : l'industrie du ski est l'activité touristique la plus vulnérable et la plus affectée par le réchauffement climatique. Comment les touristes skieurs s'adaptent-ils ? S'élèvent-ils vers les domaines alpins de haute altitude ou s'envolent-ils pour le soleil des Canaries ? Et les stations ? Multiplient-elles les canons à neige ou échafaudent-elles des activités qui se passent de flocons ? Comment se préparer et s'adapter à un avenir encore et toujours moins blanc ?

« Skiez 365 jours par an. » Dans les années 1980, ce slogan publicitaire d'une station alpine créée *ex nihilo* témoigne d'une époque révolue : le développement des sports d'hiver et la croyance en une neige éternelle. Aujourd'hui, les glaciers fondent et le manteau neigeux rétrécit. Les remontées mécaniques pour le ski estival ne tournent plus en France que quelques semaines par an. Les domaines s'ouvrent aussi plus tardivement pour le ski d'hiver. En 2022, Tignes, la célèbre station savoyarde du massif de la Vanoise, avait fermé ses remontées le 1er juillet après dix jours seulement d'exploitation et décalé après la Toussaint l'ouverture de son domaine, pourtant de haute altitude. Cette commune compte désormais 30 000 lits – l'échelle qui a remplacé le décompte du nombre d'habitants – et près de 500 enneigeurs – la dénomination qui s'est substituée à celle, moins gracieuse, de canon à neige.

Au cours des cinquante dernières années, la durée d'enneigement dans les Alpes a reculé d'environ un mois, et la hauteur moyenne de neige a diminué de quelques centimètres par décennie.

Cette phrase résume à grands coups de carre les résultats d'un travail international de grande ampleur[1]. Il a porté sur des données recueillies entre 1971 et 2019 dans plus de 2 000 stations météorologiques des Alpes européennes. Il utilise de nombreuses définitions, hypothèses et modèles qui, comme pour toute avancée scientifique, présentent des limites et prêtent à discussion. Par exemple, la présence d'un seul centimètre d'épaisseur de neige suffit pour définir une journée d'enneigement, un seuil qui ne satisfera évidemment pas un skieur. Par ailleurs, les tendances estimées ne sont souvent pas statistiquement significatives car la variabilité interannuelle des conditions d'enneigement est très forte alors que la période d'observation, quelques dizaines d'années, n'est pas très longue. Enfin, la réduction de l'enneigement en épaisseur et en durée est plus ou moins marquée selon les situations locales, en particulier l'altitude, la latitude ainsi que l'exposition et l'inclinaison des versants.

Le recul historique des flocons est également bien établi par des études de portée nationale, que ce soit pour les Alpes françaises[2], helvétiques[3] ou autrichiennes[4]. Rien de surprenant à ces résultats : dès lors que la montagne se réchauffe, un peu plus d'ailleurs que la plaine, qu'il s'ensuit qu'il pleut davantage qu'il ne tombe de flocons, que la neige chute en moindre quantité, fond plus vite, arrive plus tard en début de saison et repart plus tôt en fin de saison, adieu flocons d'antan.

Mais données et raisonnements sur le recul de la neige n'entament pas les perceptions et n'emportent pas les convictions de tous. Cela vaut pour les parties prenantes du ski. Prenons l'exemple de l'ancienne maire de Villard-de-Lans, une station de moyenne montagne du Vercors (5 350 lits, 375 enneigeurs). Dans sa réponse à la Cour des comptes qui s'inquiète de la vulnérabilité croissante des stations alpines face au réchauffement, elle émet de sérieux doutes sur le diagnostic d'une tendance défavorable[5]. Elle insiste lourdement sur le potentiel de refroidissement qu'apportent la variabilité de l'activité solaire et la disparition du Gulf Stream. La vice-présidente du département de l'Isère rejette finalement l'idée que la variation des phénomènes climatiques ait un effet direct sur l'enneigement et sur les températures en zone de montagne. Cette position extrême est cependant loin d'être partagée par les parties prenantes, que ce soit du côté des opérateurs de domaine skiable, des promoteurs, des hôteliers-restaurateurs, des moniteurs ou des loueurs de matériel. Les enquêtes montrent que les attitudes et les avis sont divers au sein même de chacune de ces professions[6]. Les opérateurs semblent toutefois un peu plus sceptiques en général que les autres parties intéressées.

L'adaptation des touristes skieurs

Dans l'adaptation de l'économie locale au recul des flocons, la partie est inégale entre l'offre et la demande, c'est-à-dire entre les stations et les skieurs. D'un côté, des équipements et des hommes spécialisés, ancrés dans un territoire, peu mobiles ; d'un autre, des touristes et vacanciers, c'est-à-dire des consommateurs labiles et qui se déplacent vite et facilement. Sur le papier, les consommateurs de neige sont placés devant trois options[7] : skier ailleurs, skier à d'autres périodes, choisir d'autres loisirs. La première option, contrairement aux deux autres, n'entraîne pas forcément une baisse de fréquentation et du nombre de jours-skieurs en montagne, c'est-à-dire d'utilisateurs payant des remontées mécaniques par journée. En revanche, elle redistribue les cartes en faveur des stations qui bénéficient des meilleures conditions d'enneigement. Soit, à très grands traits, les stations de haute altitude. Tignes et Val Thorens (22 000 lits, 352 enneigeurs) plutôt qu'Abries (moins de 1 000 lits, 15 enneigeurs), sans même parler des stations du Jura, des Pyrénées et des Vosges. Adapter son calendrier de touriste skieur à celui d'un enneigement fiable, par exemple partir en vacances de neige en février et non plus à Noël ou à Pâques, est plus problématique. Cette adaptation réduit la durée de fréquentation des stations et, vous l'avez peut-être remarqué avec une pointe d'agacement, allonge les queues en bas des remontées mécaniques et à l'entrée des selfs et restaurants d'altitude. Sans parler de la saturation des parkings... Cette congestion peut finir par décourager les ardeurs de certains touristes skieurs. Faute d'assurance d'avoir de la neige ou à cause d'encombrements, les destinations hivernales garantissant soleil, chaleur et sable fin gagnent en attractivité.

Peu d'études cherchent à cerner le comportement des skieurs. Un paradoxe car la demande pour les sports d'hiver décroît dans les pays occidentaux, ce qui devrait inciter à mieux en comprendre les ressorts. Rappelons en effet que le ski est un marché mature. Mesurée en nombre de jours-skieurs, la demande mondiale fluctue depuis le début du siècle autour de 350-380 millions par an[8]. Elle est en légère baisse depuis 2009-2010 dans les Alpes, qui concentrent environ 40 % des jours-skieurs de toutes les pistes de la planète. Une tendance à la baisse qui sortirait encore renforcée en incluant l'hiver de la pandémie de covid-19. Rappelez-vous ces images de stations fantômes pour cause de fermeture des remontées et des limites drastiques imposées alors aux déplacements. Avec cette précision administrative toute française selon laquelle, en montagne, le rayon de promenade autour du domicile correspondait à 100 mètres de dénivelé et non, comme ailleurs dans l'Hexagone, à la distance parcourable.

Attention, n'imputez pas en totalité au manque de neige l'essoufflement de la demande pour les sports d'hiver. La démographie en est vraisemblablement aujourd'hui encore la première cause, ainsi que d'autres paramètres qui jouent également. Le vieillissement de la population réduit la clientèle de ski alpin, qui n'est pas compensée par l'arrivée en nombre suffisant de nouveaux pratiquants. Il est vrai qu'il s'agit d'un loisir dont l'apprentissage n'est pas instantané – maîtriser son allure et dessiner de beaux virages réclame du temps. Ni un loisir forcément plaisant : onglées, mal aux pieds, lunettes pleines de buée, chutes, collisions, etc. Pour certains, une fois passé la corvée de retirer ses chaussures à crochets, le retour à l'appartement est vécu comme le meilleur moment de la journée. Surtout devant un chocolat chaud et une tarte aux myrtilles ! De plus, en France comme en Suisse et en Autriche, les classes de neige initiant les écoliers des métropoles s'étiolent. Enfin, le ski reste un loisir cher, réservé à une petite partie de la population. Par rétrécissement successif : il y a la population qui peut partir en vacances, moins nombreuse encore celle qui part en vacances d'hiver, et encore un peu moins nombreuse celle qui choisit alors de se rendre à la montagne. La clientèle des stations de ski présente un profil bien connu : revenu plutôt élevé, niveau d'études au-dessus de la moyenne, urbaine le plus souvent, du centre des grandes villes ; des caractéristiques qui se recoupent mais avec une nette différenciation géographique : les CSP+ de Brest se rendent proportionnellement moins aux sports d'hiver que ceux de Grenoble.

Selon les très rares et trop anciennes études disponibles[9], les skieurs interrogés sur leur adaptation au recul de la neige privilégieraient la montée en station d'altitude et le glissement des dates de séjour aux semaines les plus propices au changement de destination vers le soleil ou ailleurs. Vous remarquerez que nous n'avons pas parlé d'un report sur place de la clientèle vers d'autres activités que le ski. C'est parce que ce changement dépend plutôt de l'adaptation des stations.

L'acclimatation des stations

Jusqu'à maintenant, l'offre s'est principalement adaptée en glissant sur la pente de la technologie. Le développement de la production de neige artificielle – autrement nommée « neige de culture » en France, « neige programmée » en Italie ou « neige technique » en Allemagne[10] – en est la manifestation la plus visible.

Il ne faut cependant pas oublier le damage et ses grosses machines ainsi que, de façon plus générale, les progrès techniques de gestion de la neige pour préparer, raccommoder et maintenir le manteau blanc des pistes. Les lances et gros cylindres cracheurs de flocons couvrent aujourd'hui environ 40 % des pistes des Alpes françaises, une proportion plus faible qu'en Suisse ou en Autriche[11].

Les enneigeurs au bord des pistes sont la partie immergée de toute une chaîne de machines et d'opérations qui sont nécessaires pour produire la neige : prélèvement et pompage de l'eau d'une retenue collinaire proche ou de lacs et rivières plus lointains, circuits de tuyaux, réseaux électriques, systèmes d'air comprimé, salles de machines et de pilotage, etc. Cette chaîne représente 20 % des investissements du domaine skiable[12]. C'est le second poste derrière l'achat des machines qui remontent en continu les skieurs en haut des pistes. Les canons à neige fonctionnent mieux à – 5 °C qu'à – 2 °C et plus du tout au-dessus de 0 °C, ce qui limite le recours à la production de neige pour les domaines de basse altitude qui en reçoivent déjà moins. La production de neige est ainsi elle-même affectée par le changement climatique. La fenêtre de tir des canons en heures de disponibilité possibles diminue de moitié en passant d'une altitude de 1 800 à 1 200 mètres.

La production de neige artificielle est fortement consommatrice en eau. À la louche, compter un demi-verre d'eau pour un verre de neige produite. Prenons un exemple précis et une unité plus sérieuse : durant un hiver au domaine de Villard-de-Lans-Corrençon, la production de 292 000 mètres cubes de neige a consommé 117 000 mètres cubes d'eau[13]. Certains comptent aussi en piscine olympique : tabler sur une par an pour 1 hectare en neige artificielle produite par trois canons[14]. Soit 7 000 piscines olympiques chaque année pour la consommation des enneigeurs de tous les domaines skiables de France. D'autres préfèrent encore ramener cette consommation totale de 28 millions de mètres cubes d'eau à celle des piscines privées, afin de souligner que cette consommation ne représente en fait que l'équivalent du remplissage de la moitié des piscines des particuliers en France. Un parallèle avec la consommation d'eau des ménages aboutit à comparer la consommation des enneigeurs en France à celle de près d'un demi-million d'habitants[15].

Ces équivalences permettent de fixer les idées mais elles n'ont pas grand sens. Les prélèvements et besoins en eau doivent être appréciés à l'échelle locale. Pour certaines stations, la production de neige est susceptible de créer des tensions sur la ressource et d'entrer en conflit avec d'autres usages de l'eau, tandis que pour d'autres le problème ne se pose pas car la ressource reste abondante. Dans la première catégorie, on peut citer par exemple la station des Gets (2 855 lits, 298 enneigeurs) où, une année, le maire a dû interdire le fonctionnement des canons pour protéger les réserves d'eau potable du village. Jusqu'à aujourd'hui, la seconde catégorie correspond à la grande majorité des stations, à l'instar de celles de l'Isère où l'équilibre local entre les ressources et les besoins a été bien étudié[16].

La production de neige induit également des besoins élevés d'énergie, car il faut faire tourner tous les moteurs électriques de la chaîne des machines, en particulier pour le pompage quand l'eau prélevée vient de loin et de l'aval. Il faut compter environ 2 kilowattheures pour produire 1 mètre cube de neige[17]. L'étalon de la piscine est ici encore utilisé pour rendre équivalentes la consommation moyenne d'électricité pour la neige artificielle d'une journée de skieur et celle d'une heure d'un baigneur. Plus original, la première est aussi comparée à la consommation d'électricité pour cuire deux pizzas dans son four domestique. Pour faire valoir, bien sûr, qu'elle reste modeste par rapport à d'autres usages de l'électricité par les ménages, y compris par des skieurs. Mangent-ils plus de pizzas durant leur séjour ? Une comparaison avec la tartiflette aurait peut-être été plus appropriée.

Étonnamment, le chiffrage en euros n'est jamais avancé. La monnaie n'est-elle pas un équivalent général ? Il a fallu attendre la flambée des prix de l'électricité de 2022 pour que l'euro entre en scène. Le poste de l'électricité qui ne représentait que quelques pour cent du coût d'exploitation des domaines est devenu un sujet de préoccupation pour les stations de ski et les opérateurs. Au point de demander des mesures d'aide publique pour amortir le choc de prix.

Avant de nous interroger sur le futur de l'enneigement naturel et artificiel, notons que jusqu'à une période récente, les investissements réalisés visaient à réduire la variabilité interannuelle des chutes de neige et la dépendance économique des stations aux flocons naturels. Ils étaient moins une réponse au changement climatique, alors largement ignoré des opérateurs et des collectivités locales, qu'au développement du marché et de la concurrence entre stations.

La neige artificielle suffira-t-elle ?

Les études prospectives montrent que la plupart des stations de ski peuvent encore compter sur une dernière séquence de neige naturelle et artificielle et de poursuite des investissements sur leur domaine les menant jusqu'au mitan du siècle. Le dernier round en somme.

Résumons les perspectives à venir sur la fiabilité de l'enneigement. Commençons par les stations du Maine et du New Hampshire : à skiabilité constante, leur domaine devrait rétrécir de moitié à l'horizon 2050[18]. Pour que les skieurs bénéficient des mêmes conditions qu'aujourd'hui, la production de neige devrait augmenter d'environ 60 %. Pour les stations de l'Ontario et du Québec, elle devrait croître de 130 %. Glissons vers la Basse-Autriche et la Haute-Autriche, où la perte de couverture du domaine s'élèverait d'au moins un cinquième au même horizon ; les besoins en flocons artificiels devraient y doubler. Dans ces travaux concernant l'Amérique du Nord et l'Autriche, la fiabilité de l'enneigement est définie par les conditions suivantes : au moins 100 jours avec au moins 30 centimètres de neige au moins sept années sur dix. Poursuivons avec les Alpes françaises où la couverture de 129 domaines par les canons à neige devrait tripler pour assurer sur la période 2030-2050 un niveau d'enneigement comparable à la période 1986-2005[19]. Pour les seules 24 stations du département de l'Isère[20], l'aire couverte par les enneigeurs devrait passer de 27 à 45 % des domaines pour assurer au mitan de notre siècle un enneigement aussi viable que sur la période 2001-2016[21]. Reprenons de la hauteur en considérant cette fois le domaine skiable de toute l'Europe. Un enneigement artificiel pour moitié de sa superficie ferait passer le risque élevé de neige insuffisante, avec un réchauffement de 2 °C, de la moitié au quart des stations[22]. Achevons cette course bien loin de l'Europe : les stations de ski en Chine devraient doubler leur production de neige afin d'assurer en 2050 une saison de même durée qu'aujourd'hui[23].

Les travaux qui viennent d'être résumés tiennent compte des contraintes limitant le fonctionnement des canons à neige. L'élévation prévue des températures réduit la fenêtre de tir des canons à neige actuels. Un effet qui affectera particulièrement les stations de basse et moyenne altitude car il raccourcit la durée du dernier round qu'elles peuvent espérer pouvoir mener. Mais ces contraintes pourraient être relâchées moyennant finance. Les premiers enneigeurs tout temps, sorte de gros congélateurs crachant des flocons même lorsque la température dépasse plusieurs degrés Celsius, ont fait leur apparition. Quelques-uns ont déjà été commercialisés et installés en station[24]. Ils sont incomparablement plus coûteux et appellent une consommation d'eau et d'énergie encore plus élevée car, une fois retombés, les flocons fondent d'autant plus vite que la température ambiante s'élève au-dessus de 0 °C. Il faut donc les remplacer sans discontinuer.

Le ski sous cloche est une autre solution technologique du même acabit. Les ski-dômes ne sont pas nouveaux mais, en général, leur piste ne dépasse pas quelques dizaines de mètres. Ils servent alors de tremplin d'initiation au ski. Il est possible de voir plus grand, beaucoup plus grand. Pour skier 365 jours par an en version ultra-artificielle, la municipalité de Tignes a un temps envisagé la construction d'un « Ski-Line de piste in-door[25] », soit 400 mètres de glisse couverts à l'année dans un frigo géant avec remontée en télésiège des skieurs.

Un risque économique et environnemental

La poursuite de la voie technologique même sans prendre la forme extrême des enneigeurs tout temps et des ski-dômes se heurte à un risque de désaffection des touristes skieurs devant un prix plus élevé des forfaits, alors que la qualité du loisir se dégrade.

L'augmentation du prix et donc le renchérissement du ski-loisir est inéluctable. La neige artificielle réclame une lourde infrastructure et des dépenses élevées pour la faire fonctionner, des investissements et des coûts techniques qui s'ajoutent à ceux du parc des remontées mécaniques. Il faut aussi s'attendre à des prix de l'électricité à venir durablement élevés sous l'effet de la transition énergétique et de soubresauts géopolitiques chroniques. Or les forfaits coûtent déjà cher. Comptez 63 euros par personne et par jour pour accéder à l'espace Killy (Tignes-Val d'Isère), 57 euros pour les Portes du Soleil (Avoriaz-Champéry), et entre 20 et 40 euros pour des domaines de taille plus modeste. Le haut revenu moyen des skieurs ne met pas les stations à l'abri d'une défection d'une partie de la clientèle face à l'augmentation du prix des forfaits.

D'autant que la qualité ne peut que se dégrader. Le mouvement des touristes skieurs vers des stations de plus haute altitude et des périodes d'enneigement plus sûres va en accentuer la congestion. Un signe annonciateur : lors d'un dimanche matin de février 2023, la gendarmerie française a dû refouler des automobilistes voulant accéder à des stations dont les parkings étaient saturés et les contraindre à redescendre dans la vallée ou à rejoindre des stations moins encombrées. En outre, un manteau neigeux, lorsqu'il se cantonne strictement aux pistes, change le paysage. Il en diminue l'attrait. Les images déjà systématiquement diffusées par la presse écrite et télévisuelle lorsque la neige manque à Noël en témoignent. La vision de bandes blanches innervant des versants dénudés ne relève pas de la science-fiction. Glisser sur un ruban blanc encombré et bordé de chaque côté par une pelouse jaunâtre et terreuse pourrait manquer singulièrement de charme pour de nombreux skieurs.

Il existe cependant une clientèle pour le ski sous cloche. Les centres de ski d'intérieur sortent de terre avant tout en Chine, où la pratique du ski ne se conjugue pas historiquement avec la neige naturelle. Au Japon, en revanche, ils ferment les uns après les autres. Ils connaissent la même désaffection de clientèle que le ski de plein air, qui est particulièrement marquée et rapide dans ce pays aux si nombreux centenaires[26]. N'oublions pas comme nous l'avons signalé que la pratique du ski a déjà amorcé son déclin à cause de la démographie.

L'adaptation au réchauffement par l'expansion de la production de neige artificielle appelle une croissance des besoins en eau et en énergie. Or le recours intense à ces intrants est au cœur de contestations locales contre la multiplication des canons à neige. À La Clusaz (21 000 lits, 290 enneigeurs) par exemple, des associations contestent le projet de création d'une retenue d'eau prévue pour augmenter la couverture du domaine en neige artificielle. Des canons existants ont même été endommagés[27]. Notons qu'une croissance des besoins en eau et en énergie exerce des effets bien au-delà de l'environnement local. Une consommation d'électricité supplémentaire entraînera de nouvelles émissions de CO_2 tant que la transition énergétique ne sera pas complètement achevée. Celle de l'eau va réclamer plus de pompage, souvent hors du périmètre de la commune et de toute façon avec une incidence au-delà du réseau hydrographique communal. Quand la neige de culture fond, une grande partie de l'eau est récupérée dans les sols mais une autre partie s'échappe dans les airs. *Idem* pour les retenues collinaires dont il faut prévoir des extensions ou des créations. Les installations liées à la neige artificielle peuvent également nuire à la biodiversité. Selon les opposants de La Clusaz, près de 60 espèces protégées sont menacées par la nouvelle retenue. L'argument a été repris dans un jugement interrompant le début des travaux que la préfecture avait autorisés. La production de neige déplace ainsi ailleurs les pressions environnementales.

Peut-on considérer pour autant que la poursuite de l'« armement » des stations en canons à neige relèverait de la maladaptation ?

En se fondant sur l'origine plus ou moins fortement carbonée de l'électricité et la rareté ou l'abondance de la ressource en eau, des chercheurs des universités de Waterloo et d'Innsbruck ont caractérisé le risque de maladaptation de l'enneigement artificiel aux États-Unis. Ils montrent qu'il est élevé pour les stations de ski du Colorado, du Nebraska, du Nouveau-Mexique et du Wyoming, où se combinent rareté de l'eau et mix électrique très carboné[28]. Il est inexistant en revanche pour les stations de ski des États du Maine et de Washington, où l'eau est abondante. Comme le soulignent les auteurs, la réponse à la question générale du titre de leur article « La neige artificielle relève-t-elle de la maladaptation ? » est : ça dépend. Dit autrement, la poursuite des investissements dans la production de neige fait peser un risque de maladaptation qui est plus ou moins marqué selon les conditions locales.

Cette vision nuancée rejoint la nôtre. Comme nous le verrons dans le chapitre 7, une solution d'adaptation est trop souvent abusivement qualifiée de maladaptation dès lors qu'elle entraîne un risque climatique accru, en particulier parce qu'elle augmente les émissions de gaz à effet de serre. Or, dans l'attente d'une énergie totalement décarbonée, c'est toujours le cas. Nous préconisons de réserver la qualification de maladaptation aux solutions dont les coûts externes comprenant ceux des émissions et des autres atteintes à l'environnement l'emportent sur les bénéfices, en termes par exemple ici de valeur ajoutée et d'emploi en région de montagne. Dès lors les enneigeurs, comme les climatiseurs, ne relèvent pas toujours de la maladaptation.

Un retard pour les autres solutions d'adaptation

Retarder le choix de la reconversion et sa mise en œuvre représente également un coût externe pour la collectivité.

Deux stratégies tranchées pour l'avenir des stations sont souvent opposées[29] : une poursuite pure et dure du « tout-ski » ou une transformation radicale fondée sur le développement d'activités sans neige. Donnons-en des expressions caricaturales. Celle de Gilbert Chabert, ancien président du syndicat des moniteurs de ski, et celle d'Éric Piolle, maire écologiste de Grenoble. Pour le premier, « il n'y a qu'un modèle, c'est la neige » et « pour faire du ski, il faut de la neige, alors faisons de la neige[30] ». Pas d'autres options sinon le retour en arrière, « reprendre les vaches », dans son langage fleuri. Pour le second, « l'or blanc, c'est fini » et l'urgence est de sortir d'un « modèle fondé sur le consumérisme touristique [et] la marchandisation de l'espace[31] ». Il prône la revalorisation de la filière bois et de l'agriculture et défend un écosystème touristique peu invasif. Ce dernier n'exclurait d'ailleurs pas « des microstations d'un ou deux téléskis, de trois ou quatre pistes (et pourquoi pas de quelques enneigeurs) » ouvrant du jour au lendemain lorsque les conditions le permettent. D'un côté la croissance à tous crins, de l'autre la décroissance à tous crins.

Une telle outrance invite à la nuance. Reformulons d'abord l'antagonisme entre les deux voies comme une opposition entre une politique de continuation de la monoactivité et une politique de reconversion. D'une part, une trajectoire d'adaptation des stations par des ajustements, notamment dans la production de neige, l'organisation de la saison et la gestion des congestions ; d'autre part, une conversion des stations de ski en stations de montagne où le ski de piste laisserait progressivement la place à des activités sportives et de loisirs d'hiver qui ne dépendent plus de l'enneigement naturel et artificiel.

Le scénario de la continuation s'entrevoit facilement puisqu'il repose sur des éléments qui existent déjà. Il n'est pas sans risque. La demande sera-t-elle au rendez-vous malgré la démographie, la concurrence de loisirs d'hiver bien meilleur marché et un plaisir moindre à skier sur des bandes blanches embouteillées ? De plus, cette trajectoire conduit à devoir virer plus tard et très vite vers une économie qui ne soit plus centrée sur le ski. Or, plus le temps passe, plus le risque grandit de voir les infrastructures et les métiers devenir inutiles et donc de devoir faire face à des actifs échoués, un terme imagé du vocabulaire de la théorie économique. Or les reconversions de territoires monoactivité prennent du temps car elles passent notamment par la formation à de nouveaux métiers, la création de nouveaux emplois et le déploiement d'innovations. Mieux vaut s'y préparer à l'avance et donc les concevoir, les programmer et s'y atteler en parallèle au déroulement du dernier round. Plus facile à formuler qu'à exécuter. Plus facile de faire ce que l'on sait déjà faire et qui s'est révélé rentable. La spécialisation entraîne un effet d'éviction pour les investissements alternatifs et les efforts pour poursuivre d'autres voies.

Le scénario de la reconversion est plus difficile à dépeindre. Il n'est pas écrit d'avance. Un petit nombre de stations seulement sont en train de s'y engager. Citons l'exemple de Métabief (27 000 lits, moins de 100 enneigeurs), une modeste station de moyenne altitude du Jura français qui a renoncé au ski de piste – un choix délibéré mais aussi dicté par des capacités financières insuffisantes et contraint par des perspectives d'enneigement tant naturel qu'artificiel très défavorables. Les seuls éléments aujourd'hui pour décrire la reconversion correspondent à une liste hétéroclite d'activités sans neige : randonnée pédestre, vélo tout-terrain, circuit d'aventure et de découverte, excursion à cheval ou en poney, centre aquatique, visite de site culturel, etc.

Cette liste présente toutefois un double mérite. Elle permet de souligner que le hors-ski ne correspond pas forcément à des pratiques à faibles impacts et coûts. C'est le cas des piscines et des complexes aquatiques fortement consommateurs d'énergie mais aussi d'eau (comptez une centaine de litres par baigneur !). Le Lagon à Tignes avec ses toboggans trois couloirs, sa cascade, son lit à bulles, ses douches relaxantes, son « espace tisanerie », etc., ne peut boucler ses comptes que grâce à une forte subvention annuelle d'exploitation de la municipalité. Par ailleurs, comme le suggère ce cas, les stations de haute altitude qui ont encore de beaux jours de ski devant elles développent et proposent également des activités hors neige. Elles y voient des services complémentaires de saison d'hiver, des services d'ailleurs souvent déjà offerts l'été. Observons avec ironie que certaines activités sans ski relèvent des loisirs urbains de plaine. Dans son « Palmarès des meilleures stations de ski pour ceux qui ne skient pas », *Le Figaro* retient d'abord l'offre de restaurants, les possibilités de shopping et la présence de salles de cinéma. Morzine (42 250 lits, 1 335 enneigeurs sur son domaine étendu) l'emporte grâce à sa densité de commerces et son étoilé Michelin. Dans une autre liste de stations pour non-skieurs[32], on retrouve Tignes et Les Arcs (35 000 lits, 600 enneigeurs), modèles historiques des usines à ski. La concurrence entre stations est rude dans l'offre de services diversifiés. C'est un écueil pour les stations qui choisissent de se reconvertir. Un écueil de plus, car la principale difficulté concerne le manque de recettes et la perte d'emplois. Les offres de loisir sans neige ne généreront pas de retombées financières et de perspectives de travail comparables à celles du ski. Sur ce point, et c'est bien le seul, Gilbert Chabert et Éric Piolle sont d'accord.

Le caractère pas toujours vert et antagonique des activités hors ski relativise l'opposition tranchée entre les politiques de continuation et de reconversion. Mais il ne l'efface pas d'un trait. L'opposition reste pertinente du point de vue des aides publiques.

Quelle politique publique ?

Aux communes à la tête de domaines skiables de choisir le modèle et le rythme de leur adaptation au réchauffement climatique, et aux autres échelons administratifs et politiques de veiller aux risques de maladaptation et de soutenir les initiatives locales de reconversion.

Le choix entre la continuation et la reconversion, ou d'un chemin mâtiné d'un peu des deux, doit être laissé aux communes. Les conditions d'enneigement naturel, sa variabilité interannuelle, son évolution future sont en effet très hétérogènes d'une station à l'autre. Elles ne se résument pas à l'altitude. La latitude, l'exposition et l'inclinaison des versants ainsi que l'écart entre le point bas et le point haut du domaine skiable ont aussi leur importance. Les capacités financières et de gestion des municipalités, l'état des remontées mécaniques, les compétences et la nature des opérateurs du domaine sont également très divers d'une commune à l'autre. De même pour la composition et les préférences de la population et du conseil municipal. En bref, les communes sont à la fois les mieux placées et les plus légitimes pour décider de leur modèle et de leur rythme d'adaptation au déclin de l'enneigement naturel.

Ce n'est donc pas aux autres échelons de décider à leur place. Les départements, les régions et l'État ne doivent pas pour autant rester les bras ballants. En effet, le choix de la continuation par des besoins accrus en eau et énergie emporte des conséquences potentiellement négatives qui dépassent les frontières de la station. Ce déplacement des pressions sur l'environnement ne peut être convenablement évalué et pris en compte par le seul niveau communal. En conséquence, les demandes d'autorisation pour l'expansion de la production de neige devraient systématiquement être assorties de solides études d'impacts environnementaux et soigneusement analysées par les autorités environnementales régionales et les préfectures. Ce qui n'a pas toujours été le cas. Le projet de Tignes, aujourd'hui dans les cartons, de construire son gigantesque congélateur à neige artificielle a par exemple été autorisé en son temps par l'administration. Les dérogations invoquant un intérêt public majeur devraient aussi être accordées moins facilement. Cette raison a été mise en avant par le préfet pour autoriser, malgré son impact sur les espèces protégées, la retenue de La Clusaz, alors qu'elle est essentiellement destinée à une seule fin : l'enneigement artificiel de la station.

Comme le recommande un rapport de la Cour des comptes, il est également important d'accorder des aides publiques aux stations qui s'engagent dans la reconversion[33]. La justification de ce soutien repose comme précédemment sur des effets externes, mais bénéfiques cette fois. Les initiatives de reconversion sont porteuses de retombées extralocales en termes d'apprentissage et d'expérience. Leurs réussites et leurs échecs pourront servir aux autres et les compétences acquises par les stations en reconversion pourront être mobilisées plus tard par les autres. Ces retombées sont d'autant plus cruciales que la reconversion après le dernier round devra se réaliser sur un temps court. En outre, la pente naturelle est de jouer la montre, en faisant uniquement ce que l'on sait déjà faire et qui rapporte de l'argent. Mais si cette trajectoire est suivie par toutes les stations, la reconversion, faute de précédents, sera encore plus coûteuse. Pour les stations elles-mêmes mais aussi pour les régions et la collectivité nationale qui devront faire preuve de solidarité à l'égard des territoires en proie à des pertes brutales d'emplois et de recettes. Il est vrai qu'à l'instar de Métabief, certaines communes n'ont pas d'autres choix que de chercher dès maintenant des activités de remplacement au ski de piste. Mais il serait peu équitable que les stations qui s'engagent résolument et intensément dans un dernier round bénéficient à la fois des futures recettes du ski puis, le temps venu, des fruits de l'expérience des stations qui ont précocement suivi l'autre voie.

A *contrario*, les subventions publiques qui favorisent la voie de la continuation, en particulier les aides aux investissements dans la production de neige, devraient être supprimées. Elles n'ont pas de justification économique. Les subventions régionales aux équipements de neige artificielle dans les Alpes françaises se sont élevées en moyenne à 30 millions d'euros par an entre 1997 et 2019[34]. S'y sont ajoutées des aides départementales. La poursuite de telles aides pour l'achat de nouveaux canons à neige aurait pour effet de favoriser un surinvestissement non rentable au détriment d'aides à la reconversion. Les subventions implicites ou cachées liées à des tarifs favorables de l'énergie ou de l'eau devraient également être éliminées. La station de Tignes, par exemple, bénéficie de l'eau pompée du barrage qui a noyé son ancien village à un prix bien inférieur à celui de l'électricité que ces mêmes mètres cubes auraient produite.

En résumé, le cas des pertes d'enneigement fait apparaître deux versants de l'adaptation : une adaptation de l'offre, ici celle des communes de montagne, et une adaptation de la demande, ici celle des touristes skieurs qui fréquentent leurs domaines skiables. Chacune joue une partition différente. L'une de nature collective met en jeu des actifs financiers et humains ancrés dans un territoire : infrastructures spécifiques, bâtiments, entreprises locales, compétences de la main-d'œuvre et des organisations, etc. L'autre, d'essence individuelle, se caractérise par une forte capacité et liberté de mouvement et donc d'évitement des conséquences locales du changement climatique. Si les actifs des territoires étaient parfaitement mobiles, l'adaptation reviendrait essentiellement à quitter les territoires devenus vulnérables à cause du réchauffement. Une histoire de coûts échoués et de mobilité que l'on va retrouver pour les villes menacées par la montée des eaux, objet du chapitre suivant.

CHAPITRE 5

La montée des eaux dans les villes

Fort heureusement, notre capacité d'adaptation à la montée des eaux est élevée.

Les littoraux concentrent une grande partie de la population et de la richesse. Près de 1 milliard d'urbains seront ainsi exposés aux risques d'inondation en 2050. Au siècle prochain, les submersions aujourd'hui exceptionnelles deviendront la norme dans de nombreuses métropoles littorales.

À défaut de dompter le déferlement des grandes marées et des ondes de tempête, nous disposons d'une parade efficace et à portée de main pour limiter les dommages dans les zones les plus densément peuplées.

La protection par endiguement offre une solution techniquement connue et économiquement bénéfique au moins jusqu'en 2100.

À deux ou trois siècles de distance, le déplacement massif des infrastructures et des populations vers l'intérieur paraît en revanche inévitable. Il s'agira de recréer de nouveaux centres économiques et de bâtir de nouvelles capitales.

D'après une légende, Knut le Grand, un roi viking régnant sur l'Angleterre vers l'an mil, aurait ordonné à la mer de s'arrêter à la limite de ses terres. Son injonction n'étant pas suivie d'effet, il reconnut devant ses courtisans qui l'avaient transporté sur son trône jusqu'au rivage que le pouvoir des rois est nul et sans valeur devant les lois éternelles de la nature. Ce comportement de Knut le Grand est devenu une référence proverbiale de l'arrogance du pouvoir. Face à l'élévation annoncée du niveau des océans, il convient de faire preuve d'humilité. D'ingéniosité aussi : depuis le temps de Knut, les hommes ont appris à arrêter la mer en élevant des digues. Et même à la faire reculer en aménageant des polders, un gain sur les eaux dont les Hollandais sont passés maîtres. À l'avenir, il faudra aussi déplacer des habitants et des infrastructures, et même des villes entières.

L'élévation du niveau de la mer

Depuis 1901, la mer s'est élevée d'un peu plus de 20 centimètres. Le réchauffement climatique d'origine humaine est la première cause de cette montée des eaux. Quand la température s'élève, la glace des sommets et des calottes fond et, transformée en eau, emplit les océans. En outre, l'eau se dilate en chauffant. Elle occupe un plus grand volume et prend plus de place car les molécules d'H_2O s'agitent plus fortement. Or la température moyenne mondiale de l'océan ne cesse de croître. Début 2024, elle a atteint 21 °C, battant ainsi tous les records jamais enregistrés. Au cours des vingt dernières années, fonte des glaces et expansion thermique ont contribué à égalité à l'élévation du niveau de la mer. Une élévation qui d'ailleurs s'accélère : sur cette période, elle a doublé en rythme annuel par rapport au siècle dernier.

À l'horizon de la fin du siècle, l'élévation dépendra des efforts planétaires de réduction des émissions de gaz à effet de serre. Nous verrons plus précisément ci-après qu'elle s'établirait autour de 40 centimètres par rapport à aujourd'hui dans le cas d'un réchauffement limité à 1,5 °C. Au double, dans le cas d'une poursuite des activités émettrices.

De telles estimations globales moyennes masquent une grande diversité de situations. Les océans ne sont pas plats, ils présentent des reliefs. Près de 200 mètres séparent le point marin le plus haut du plus bas. Les très grands creux et bosses de l'océan reflètent les différences de pesanteur sur la planète. Sa masse varie en effet d'un endroit à l'autre car la composition de l'écorce et du manteau terrestres n'est pas parfaitement homogène. La surface marine présente aussi des creux et des bosses de quelques dizaines de mètres seulement qui sont dues au relief sous-marin. La mer sera ainsi plus haute au-dessus d'un volcan sous-marin. C'est encore une question de pesanteur. Le relief crée un excès local de masse puisque de la roche remplace localement de l'eau et que la première est plus dense que la seconde. La chaîne volcanique de Hawaii crée ainsi autour d'elle une pente qui décline de quelques centimètres par kilomètre. À ces causes statiques du relief marin, ajoutez les vents, les courants, les marées, les variations de la pression atmosphérique et de température et vous admettrez définitivement que la surface des mers n'est pas plate. Et pas seulement à cause des vagues et de la houle qui s'aperçoivent du rivage.

Pour établir précisément le niveau de la mer ainsi que ses variations dans l'espace et le temps, on dispose aujourd'hui de satellites équipés d'altimètres. Ils prennent leurs mesures selon une base commune, une sorte de niveau zéro faisant abstraction des effets météorologiques et océanographiques. Ce niveau est donné en tout point du globe par un ellipsoïde de référence calculé mathématiquement. L'agrégation des observations satellitaires ainsi calculées en différents points permet d'obtenir dans le temps l'élévation moyenne globale du niveau de la mer. Cette moyenne est utile à connaître car le phénomène est universel et son chiffrage permet d'en prendre conscience.

À cause de l'hétérogénéité de la surface de l'océan et des dynamiques qui l'animent, la montée des eaux reste cependant très inégale. Beaucoup plus forte à Venise et New York qu'à Shanghai et Zanzibar, par exemple[1]. Autre cas : les eaux des côtes des États-Unis, en particulier à l'est, s'élèvent plus vite que la moyenne globale et leur élévation future attendue devrait être deux ou trois fois plus forte. Pour l'adaptation des villes côtières, l'échelle locale prévaut et exige donc une information précise de l'évolution passée et attendue pour la mener à bien. D'autant qu'il faut à cette connaissance associer la survenue d'événements extrêmes qui également dépendent des situations géographiques locales. Une fois de plus, en effet, comme pour la chaleur, le feu ou le manque de neige, c'est moins l'évolution de la moyenne que les pointes extrêmes qui importent pour évaluer les impacts et calibrer des mesures d'adaptation. Dit autrement, anticiper que le niveau s'élèvera à tel endroit du littoral de quelques dizaines de centimètres n'est pas une simple affaire de recul du trait de côte et d'une inondation permanente de la zone qui le sépare de l'ancien. Un niveau plus élevé, c'est une plateforme plus haute pour le déferlement des grandes marées et des ondes de tempêtes et, en définitive, des inondations plus fréquentes et s'étendant plus loin à l'intérieur des terres. Or l'occurrence d'événements extrêmes croît beaucoup plus vite que l'élévation du niveau de la mer. Le GIEC estime ainsi que des hauteurs d'eau exceptionnelles qui n'arrivaient par le passé qu'une fois tous les cent ans reviendront tous les dix ans à la fin du siècle sur une grande partie des côtes.

La multiplication des cyclones avec les ondes de tempêtes qu'ils induisent est une cause majeure de cette amplification.

Les connaissances scientifiques acquises depuis un demi-siècle sur les causes de l'élévation du niveau de la mer et de ses variations sont considérables. Elles alimentent désormais toute une batterie de modèles d'échelles locales et globales. À long terme subsiste pourtant une grande incertitude sur la rapidité et l'ampleur du phénomène. Comme nous l'avons précédemment mentionné, la montée des eaux dépend de l'importance du réchauffement climatique : la hausse à prévoir s'étage entre 38 et 77 centimètres, entre le début et la fin de notre siècle, selon que l'on considère le scénario le plus optimiste (+ 1,5 °C) ou le plus pessimiste (+ 4,3 °C)[2]. Mais ces deux chiffres d'élévation ne sont que la valeur médiane dans un intervalle de confiance ; une chance sur deux donc d'être inférieure ou supérieure à 77 centimètres pour un réchauffement à 4,3 °C. Et, pour les valeurs extrêmes, il y a 13 % de chances que la réalité soit inférieure à 63 centimètres ou bien supérieure à 101 centimètres.

Ces chiffres issus du GIEC sont établis à partir de travaux de modélisation réalisés par les scientifiques du climat, de l'océan et de la cryosphère – la surface terrestre d'eau à l'état solide. Ils sont intéressants à comparer avec ceux obtenus en les interrogeant directement. Quand on les interroge, les experts se révèlent en effet plus pessimistes et incertains que leurs travaux. Par exemple, en 2100 selon le scénario + 4,3 °C du GIEC, la montée des eaux n'est plus de 77 centimètres mais de 93 centimètres et avec une chance de 13 % qu'elle soit cette fois supérieure à 132 centimètres. Les experts interrogés estiment même qu'il y a 5 % de chances qu'elle soit supérieure à 165 centimètres. La queue de distribution s'épaissit : des élévations incroyablement rapides mais très peu probables ne peuvent pas être écartées, et ne doivent pas être écartées.

L'incertitude majeure à laquelle les scientifiques sont confrontés réside dans la modélisation de la fonte de la calotte de l'Antarctique. Quel sera son rythme ? Les masses de glace ici en jeu sont considérables, près de dix fois celles du Groenland. Ces immenses avancées blanches du continent au-dessus de la mer fondent par le haut avec le réchauffement de l'air marin, et surtout par le bas avec le réchauffement des eaux profondes : leur base dégèle et des blocs de glace s'en détachent. En 1910, Charcot, le grand médecin-explorateur, notait déjà dans son journal d'expédition au pôle Sud que « l'ablation des glaciers sous l'effet de la chaleur est intense et le vêlage des iceblocs perpétuel[3] ». Perpétuel, non. Le détachement des blocs de glace s'arrêterait avec la disparition de toute la calotte glaciaire antarctique. S'il se produisait un jour, cet événement contribuerait à élever le niveau moyen global de la mer de 58 mètres[4]. La fonte totale de la calotte du Groenland avec son apport de 7 mètres d'élévation[5] paraît presque anecdotique.

Finalement, la seule certitude scientifique est que le niveau de la mer continuera de monter après 2100, même si les émissions de dioxyde de carbone cessaient aujourd'hui. Les phénomènes à l'origine de la montée des eaux se caractérisent en effet par une très forte inertie. Il faudra notamment attendre plusieurs siècles pour que l'expansion thermique des océans atteigne son point d'équilibre.

Des dommages et des parades

Avançons une autre certitude, économique cette fois : l'adaptation à la montée des eaux des villes des côtes, des estuaires et des deltas ne pourra que s'accélérer pour éviter le pire. Mais ici aussi l'inconnue sera celui de son rythme. Sera-t-il suffisant pour éviter des inondations toujours plus fréquentes et catastrophiques et leur cortège d'habitants perdant tous leurs biens et souvent même leur vie ?

Les catastrophes portent des noms qui résonnent dans nos mémoires, qu'il s'agisse d'ouragans, de villes englouties ou de montées inexorables des eaux. Katrina et Xynthia lorsque les flots ont dépassé les digues, les faisant céder par endroits, inondant La Nouvelle-Orléans et La Faute-sur-Mer, brisant des vies et charriant des débris de maisons et des voitures entières. New York et Zhengzhou submergées, les eaux s'engouffrant dans leur métro souterrain, y piégeant des passagers, livrant leurs habitants à un monde quotidien sans électricité ni eau potable. Venise et Londres désormais protégées : là une porte monumentale prête à isoler la lagune de l'Adriatique, ici une gigantesque série d'écluses modernes à quelques kilomètres du Tower Bridge. Des protections lilliputiennes pourtant à l'échelle du système de vannes, barrages et autres ouvrages défendant la population des Pays-Bas, ce territoire en grande partie plus bas que la mer du Nord.

Au rang des métropoles menacées par les eaux, comptez aussi Hô-Chi-Minh-Ville, Dar es Salam, Abidjan, Dacca, Shanghai, Bangkok, Seattle, Rio, Lagos, Djakarta et une multitude d'autres. Il serait en réalité plus rapide de dresser la liste complète des grandes cités qui ne le sont pas. Les zones de côte, de delta et d'estuaire ont été favorisées de longue date par l'occupation humaine grâce à l'eau pour faire rempart contre l'ennemi, commercer avec l'intérieur ou le lointain, cultiver les terres, fabriquer et usiner. Devenues des centres de développement économique, elles concentrent désormais une grande partie des richesses et de la population de notre époque. 13 % de la population urbaine de la planète habite un littoral à moins de 10 mètres d'élévation du niveau marin[6]. 40 % de la population mondiale vit à moins de 100 kilomètres des côtes[7]. Ces chiffres peuvent vous surprendre comme de savoir que les États-Unis sont en réalité une nation côtière, ainsi que le titrait l'économiste américain Jeffrey Sachs dans l'un de ses articles[8]. Dans un classement des 20 premières villes par le nombre d'habitants exposés aux inondations côtières[9], Miami occupe la troisième place et la première par le montant en dollars des actifs menacés. Pour un total de 570 villes basses et proches de la mer[10], une étude du réseau de recherches sur le changement climatique urbain, intitulée *Le Futur dont nous ne voulons pas*[11], chiffre à près de 1 milliard le nombre d'urbains qui seront exposés au risque d'inondation au milieu du siècle.

Le recensement des villes menacées et la quantification de l'exposition de la population n'offrent qu'une vision sommaire du problème de la montée des eaux. Pour mieux prendre sa mesure, il convient en effet de connaître la population affectée et non plus simplement exposée ainsi que les dommages subis, et ce pour différents scénarios d'évolution climatique. Autant d'éléments indispensables pour asseoir des politiques d'adaptation efficaces. Nous allons les découvrir en compagnie de deux chercheurs du Global Climate Forum de Berlin, Daniel Lincke et Jochen Hinkel. Le premier, informaticien de haute volée, a développé de nombreux programmes et modèles des systèmes côtiers ; le second, scientifique aussi calé en économie qu'en sciences de l'environnement et en informatique, a contribué comme auteur principal au chapitre du cinquième rapport du GIEC consacré aux côtes. Ils sont à l'origine de travaux originaux, en duo ou associés à d'autres chercheurs, dont les résultats ont été publiés dans une poignée d'articles remarquables.

Leur modèle part d'une subdivision des littoraux de la planète en un peu plus de 12 000 segments qui servent d'unité d'analyse. Ceux bordés de digues sont recensés pour une centaine de métropoles côtières. Pour les autres, la présence ou l'absence de protections repose sur des jugements d'experts ou des équations[12]. Le modèle qui en résulte est ensuite utilisé pour analyser l'évolution du niveau de la mer de 1860 à 2100, ses conséquences sur la population littorale, sur l'économie et le potentiel d'adaptation.

Prenant 2005 comme année de référence, ils estiment dans un premier travail que la population exposée a été multipliée par six depuis 1860, pour atteindre 200 millions de personnes en fin de période. La valeur des actifs exposés a, elle, été multipliée par cinquante-trois, des augmentations presque totalement déterminées par l'augmentation de la population littorale et la croissance économique. L'élévation du niveau de la mer liée aux premières manifestations du changement climatique n'explique que quelques pour cent de l'évolution, l'affaissement des côtes, par endroits, environ 1 %.

Passons maintenant au présent et au futur. D'après leurs estimations, environ 34 millions de Terriens sont aujourd'hui affectés par les inondations côtières chaque année et celles-ci amputeraient le PIB mondial de 0,3 %[13]. Dans le scénario pessimiste du GIEC (+ 4,3 °C), la population affectée atteindrait 246 millions de personnes à l'horizon 2100, une multiplication par sept. Les pertes économiques seraient, elles, multipliées par dix.

Attention, ce premier scénario de prospective est assis sur des perspectives d'évolution de la population et de la richesse mais ne tient pas compte de l'adaptation. Aucun nouvel investissement n'étant supposé réalisé, la hauteur des digues et autres défenses en 2100 est ainsi identique à celle d'aujourd'hui. Une telle hypothèse n'est guère plausible. Les communautés humaines partagent une longue histoire de protection des côtes. Récemment encore, à la suite de Xynthia, de gigantesques travaux de protection ont été menés en Charente-Maritime pour élever et renforcer les digues existantes et en construire de nouvelles. L'hypothèse de non-adaptation est pourtant couramment retenue pour établir le scénario de référence des projections des impacts du changement climatique. Il est vrai qu'il est en général plus facile de quantifier par les modèles climatiques l'élévation du niveau de la mer ou des températures que de quantifier l'ampleur et les effets de l'adaptation.

Tout l'intérêt du travail de Daniel Lincke, Jochen Hinkel et leurs collègues est justement d'intégrer l'adaptation dans un second scénario prospectif. En faisant l'hypothèse que le niveau de protection suivra l'élévation du niveau de la mer grâce à des travaux de création, renforcement et élévation des digues, la population affectée diminuerait de moitié par rapport au scénario sans adaptation. Le montant des investissements nécessaires serait très élevé, mais le plus souvent inférieur aux pertes économiques qu'ils permettraient d'éviter. Plus précisément, le solde coût-bénéfice serait positif pour 92 500 kilomètres de côtes, et ce pour un spectre large d'hypothèses d'élévation du niveau de la mer (30 à 200 centimètres). Cette portion du littoral ne représente qu'un peu plus du dixième de la longueur globale des côtes mais elle concentre plus des neuf dixièmes de la population et de la richesse menacées par les inondations. Bref, protéger les côtes densément peuplées semble un choix économiquement pertinent.

La protection par des infrastructures n'est toutefois pas la seule option d'adaptation disponible. Les habitants peuvent aussi se protéger en migrant vers l'intérieur des terres. Quel est alors le bon dosage entre endiguement et migration pour limiter les effets de la montée des eaux ? Ne reculant devant aucun obstacle, nos chercheurs se lancent dans l'évaluation comparée de ces deux options. Pour chaque segment de littoral, ils comparent ainsi le coût de construction et de maintenance de digues, le coût de la migration et les dommages évités par chacune des options. Leurs résultats sont les suivants : 3 % du littoral occupés par 78 % de la population côtière mondiale devraient être protégés par des digues. Pour les 97 % restants, entre 17 et 72 millions de personnes vivant sur le littoral quitteraient leur lieu d'habitation d'ici à 2100. Ces chiffres sont à prendre avec des pincettes car ils reposent sur des hypothèses très arbitraires. Le coût de la migration est par exemple arbitrairement supposé égal à trois fois le PIB local par habitant. Il en va de même pour les seuils choisis pour le déclenchement des migrations : l'hypothèse est que la migration de l'habitant est spontanée dès que le risque moyen dépasse une inondation par an. Le seuil est d'une inondation tous les dix ans pour le déclenchement d'une migration orchestrée par l'autorité publique. De façon générale, la combinaison des défenses de protection et des déplacements loin des littoraux menacés offre la solution la plus intéressante pour limiter le coût économique de la montée des eaux[14].

L'ensemble de ces résultats masque une grande hétérogénéité géographique de situations et d'impacts. Citons, même si elles n'abritent pas de métropoles et présentent une faible densité de population, les îles du Pacifique de très basses altitudes. Certaines comme la République des Marshall, en Micronésie, sont vouées à disparaître et leur population à s'exiler[15], l'endiguement n'offrant pas de solution pérenne. Mentionnons aussi l'Asie, en particulier du Sud-Est, aux capitales très peuplées et très exposées aux inondations. L'Indonésie a ainsi décidé de relocaliser sa capitale à plus de 1 000 kilomètres. Djakarta perd inexorablement de l'altitude sous le poids de ses infrastructures et bâtiments et du pompage massif d'eau dans les nappes d'eau sous-jacentes. Certains quartiers s'enfoncent de 25 centimètres par an ! À l'inverse, dans certaines régions comme la Scandinavie et le Canada, la terre remonte et le trait de côte gagne sur la mer. La fonte des glaces allège le poids qui pèse sur le socle rocheux, qui s'élève alors progressivement. Ce processus toujours actif l'emporte sur l'élévation du niveau de la mer. Les côtes européennes et du nord de la Méditerranée occupent une place intermédiaire : des territoires inondables plutôt modérément exposés au risque croissant d'inondation et suffisamment riches pour continuer d'investir dans l'endiguement.

Des morts sans nombre et des déplacements incertains

Le lecteur aura peut-être remarqué que la quantification des dommages de la montée des eaux ne tient pas compte des effets des inondations sur la santé humaine. Ils ne se limitent pas aux décès par noyade. Des blessures liées aux chutes, aux objets tranchants et même aux morsures de serpents poussés hors de leur habitat, aux épidémies liées à l'eau (diarrhées, dysenteries) ou aux rongeurs, en passant par les cardiopathies liées au stress et les chocs post-traumatiques sont autant de facteurs de morbidité et de mortalité[16].

Même en se limitant au plus facile – la mortalité –, il n'est pas possible de réaliser un recensement précis des décès au niveau mondial. Les données disponibles sont en effet parcellaires. Si l'on recense précisément 52 morts à la suite de Xynthia et 1 836 décès consécutifs à Katrina, on comptabilise sommairement environ 2 000 décès aux Pays-Bas à la suite du raz de marée de 1953 ou approximativement 67 000 morts du cyclone de 1991 au Bangladesh[17]. Sommer ces nombres et y ajouter ceux d'autres inondations pour aboutir à un total exhaustif reviendrait à agréger des données de niveau de précision très différent et conduirait surtout à mélanger des décès comptabilisés différemment : certaines données recueillies ne comptent que les noyades, d'autres incluent les décès liés aux tornades à l'intérieur des terres ou liés aux inondations par les orages. De plus, certains chiffrages ne s'intéressent qu'à la mortalité immédiate tandis que d'autres portent également sur les décès retardés. Les données empiriques passées sur les inondations côtières ne permettent pas de modéliser la mortalité future liée à la montée des eaux.

Une autre approche consiste à s'appuyer sur des données météorologiques portant sur la localisation de tempêtes, de cyclones et de précipitations susceptibles d'avoir provoqué ou contribué à l'occurrence d'inondations côtières et d'en déduire une estimation de la mortalité qu'ils auraient provoquée. Dans un article paru dans *Climatic Change*, une équipe de chercheurs a ainsi cherché à modéliser la mortalité des ondes de tempêtes[18]. Après avoir déterminé au doigt mouillé la proportion qu'elles représentaient parmi les catastrophes cycloniques, ils ont élaboré un modèle statistique de mortalité en fonction de l'exposition et du niveau de développement des populations côtières pour finalement devoir conclure que l'état des données sur les événements recensés ne permettait pas de le valider…

On comprend mieux pourquoi Lincke et Hinkel évaluent la population affectée sans chercher à en déduire le nombre de décès et expriment les dommages en termes de PIB ou en milliards de dollars en se limitant aux biens matériels. Il faudra attendre d'autres données, d'autres travaux de recherche, avant de disposer d'estimations et de projections de la mortalité globale liée à l'élévation du niveau de la mer.

Nous analyserons la question de la migration climatique dans le chapitre 9. Touchons ici simplement du doigt sa complexité à travers les mouvements récents de population de La Nouvelle-Orléans et du Bangladesh. En 2005, plus de la moitié de la population de la capitale de l'État de Louisiane a fui la ville. Les plus mobiles à l'annonce de Katrina, les autres évacués après son passage destructeur. Beaucoup depuis ne s'y sont jamais réinstallés. Moins cependant que s'il n'y avait pas eu d'aide à la reconstruction et un grand programme de réfection et d'élévation des digues, deux mesures qui incitent à se reloger sur place. La population n'a cependant pas retrouvé son niveau d'avant Katrina. À cause des retours mais aussi de l'arrivée de migrants, principalement d'Amérique centrale, attirés par les emplois liés dans le bâtiment et les travaux publics[19], la composition de sa population a aussi changé[20] : une plus grande proportion de « Blancs » – car plus nombreux à pouvoir se réinstaller – et d'« Hispaniques », selon les termes en usage aux États-Unis. Tout s'entremêle donc : un mouvement d'émigration définitive, un flux de retours et un afflux d'immigrants. Pas simple.

La capitale du Bangladesh voit sa population continûment augmenter. De plusieurs milliers chaque jour. La pauvreté des campagnes pousse la population rurale à rejoindre Dacca depuis des décennies. Mais les moussons et les crues du Gange et du Brahmapoutre, de plus en plus intenses et fréquentes, avec leur lot de destructions de villages entiers, jouent un rôle croissant dans cet exode. Dans un exercice de prospective, la Banque mondiale retient dans son scénario pessimiste une population de migrants climatiques passant de moins de 1 % de la population du pays aujourd'hui à près de 10 % au mitan du siècle[21]. La plupart rejoignant les bidonvilles de Dacca et Chittagong. Le risque d'inondation qu'ils subiront n'y est guère plus faible, car les deux métropoles s'enfoncent sous leur poids en sus d'être exposées à la montée des eaux. Mais les possibilités de gagner de l'argent en ville sont plus élevées et moins dépendantes de la météorologie. L'émigration n'offre pas toujours une planche de salut climatique. Pas simple non plus.

Finalement, il semble plus facile d'imaginer les grands mouvements de la population à deux ou trois siècles de distance, quand les eaux montées beaucoup plus haut rendront l'endiguement inefficace ou trop coûteux, et de voir émerger une nouvelle distribution spatiale des métropoles. D'un côté, des villes englouties ou presque, de l'autre, des métropoles favorisées. D'un côté, plus des trois quarts de Shanghai ou Bangkok sous l'eau, sous-peuplées et appauvries, de l'autre, des cités de l'intérieur des terres comme Dallas et Berlin qui bénéficieront d'un gain de population et de PIB. La création de nouveaux centres économiques qui succéderaient aux villes quasi englouties devient envisageable. En effet, la montée des eaux sur le temps long s'étale sur une période dépassant la durée de vie des bâtiments et des infrastructures, offrant un délai suffisant pour bâtir de nouvelles métropoles. L'impact économique à très long terme de l'élévation du niveau de la mer dépendra crucialement de cette réalisation. Par exemple, l'abandon partiel d'Hô-Chi-Minh-Ville conduira-t-il à une dispersion spatiale de la population et des activités économiques ou bien à leur concentration dans de nouveaux regroupements urbains ? L'émiettement ferait disparaître l'avantage des grandes villes en termes d'économies d'infrastructures. Mais manqueraient surtout les économies d'agglomération, celles que créent les interactions multiples entre entreprises et entre habitants et qui sont à l'origine de la richesse des grandes villes. Nous avons emprunté cette vision de la redistribution spatiale sous l'effet de la montée des eaux à un article paru récemment dans l'*American*

Economic Journal[22]. Ses auteurs ont cherché à quantifier les bénéfices de l'adaptation aux inondations côtières par la migration et le redéploiement de l'investissement à l'horizon 2200. Pour cette année-là, ils estiment dans un scénario pessimiste sur les efforts de réduction des émissions une perte de PIB cinquante fois plus forte sans déplacement des hommes et des infrastructures.

Knut le Grand aurait dû ordonner la construction d'une digue et, l'ouvrage réalisé, convier ses courtisans à constater qu'elle arrêtait les flots lors des grandes marées et que, ainsi protégé, il gardait les pieds au sec. Il aurait pu connaître cette parade car les premières digues datent de plusieurs milliers d'années. Il aurait pu aussi décider de reculer ses fortifications vers l'intérieur des terres. De telles actions auraient fait de Knut une référence proverbiale de la bénévolence du pouvoir et de son souci d'agir pour le long terme.

CHAPITRE 6

Quelle agriculture dans un nouveau climat ?

Produire plus pour nourrir plus d'hommes mais différemment pour réduire ses impacts environnementaux est le grand défi de l'agriculture du futur.

L'agriculture est à la fois très exposée au changement climatique et l'une des activités qui y contribue le plus. Soumise aux sécheresses, aux inondations et aux canicules, la croissance de la production et de la productivité a déjà ralenti. Pour nourrir bientôt 2 milliards de Terriens en plus, il est donc nécessaire de produire plus mais différemment. Une gageure.

L'exploitation de nouveaux territoires dans les hautes latitudes devenues plus favorables à l'agriculture sous l'effet du réchauffement ne peut jouer qu'à la marge. Le développement de l'agroécologie en zone tropicale peut contribuer à l'adaptation et offrir une voie alternative à la poursuite d'une intensification agricole fondée sur les engrais chimiques et fragilisant les sols. Mais ses promesses restent encore incertaines.

Le développement de l'irrigation dans les zones d'agriculture paysanne où elle n'est pas répandue permettrait d'augmenter les rendements. D'autant que le progrès technique peut en améliorer l'efficacité.

De la lumière, de l'eau, une température ni trop froide ni trop chaude, du dioxyde de carbone et de l'oxygène, tels sont les cinq ingrédients principaux de la photosynthèse à l'origine de la croissance des plantes, donc de l'agriculture. Et le niveau de trois d'entre eux évolue rapidement avec le changement climatique : une concentration de CO_2 dans l'atmosphère en hausse, une élévation des températures et une altération des régimes de précipitation. Les lois de la biologie placent ainsi l'agriculture au cœur de la question climatique.

Au-delà, l'agriculture que nous observons aujourd'hui est le résultat d'une histoire humaine au cours de laquelle des agriculteurs ont décidé de cultiver du riz irrigué à un endroit, du blé à un autre, ou d'élever des chèvres ailleurs et ont ainsi installé des systèmes agricoles adaptés à des climats très variés. Avec un certain succès puisqu'ils nourrissent aujourd'hui 8 milliards d'êtres humains, même si la faim persiste dans certaines zones. À quelle nouvelle réalité climatique ces agriculteurs devront-ils s'adapter ? Et avec quels moyens ?

Changement climatique et physiologie végétale

Commençons par quelques rappels de physiologie végétale. Le climat a de multiples effets sur les plantes. L'augmentation de la concentration atmosphérique en CO_2 favorise la photosynthèse puisqu'elle consiste précisément à combiner ce gaz avec de l'eau pour créer de la biomasse. Les agronomes parlent de fertilisation par le carbone. Les effets de la température sont plus complexes. Pour chaque espèce végétale existe une température optimale en deçà et au-delà de laquelle la croissance est moins rapide, puis nulle dans les cas extrêmes. Cette température est par exemple d'un peu plus de 25 °C pour le blé ou de 30 °C pour le riz. Par ailleurs, la chaleur favorise l'évapotranspiration des plantes, l'équivalent de la sueur chez les mammifères, qui permet de limiter les stress thermiques. Les végétaux doivent alors disposer d'une plus grande quantité d'eau quand la température s'éloigne de leur température optimale. D'où l'effet délétère des sécheresses ou, symétriquement, l'effet protecteur de l'eau sur les forêts équatoriales qui permet une végétation luxuriante alors même que les températures peuvent y être très élevées. Paradoxalement, cette chaleur humide favorable au végétal est pénible, voire dangereuse pour l'être humain.

Quel sera l'effet du changement climatique sur ces paramètres ? Plus de fertilisation par le carbone, même si l'ampleur de cet effet est encore l'objet de débats scientifiques. Moins d'épisodes de gel dans les hautes latitudes et donc l'ouverture de nouveaux espaces cultivables dans ces régions. La surface de terre arable pourrait ainsi augmenter de plus de 40 % en Russie ou de 20 % en Chine[1]. Plus de chaleur dans les basses et moyennes latitudes avec des effets complexes puisque l'impact dépendra des espèces végétales cultivées et de la disponibilité de l'eau nécessaire à l'évapotranspiration.

La question de l'eau est sans doute la plus complexe et les projections pluviométriques restent fragiles. Une synthèse des résultats de 146 modèles de prospective climatique récemment parue dans *Nature Communications* prédit des évolutions très différentes selon les régions. Les précipitations diminueraient nettement dans le Bassin méditerranéen et dans une grande partie de l'Amérique latine : de 20 % au Maroc ou en Grèce par exemple. À l'inverse, elles augmenteraient dans les régions septentrionales de l'hémisphère

Nord, au Canada, en Russie, au nord de la Chine, mais aussi en Asie du Sud, y compris en Inde, en Birmanie ou en Thaïlande, et dans une grande partie de l'Afrique centrale et de l'Est[2]. En France, la pluviométrie annuelle resterait stable, mais avec des différences marquées entre régions puisqu'elle diminuerait significativement dans le Sud et l'Aquitaine et augmenterait ailleurs. Le contraste saisonnier devrait, lui, augmenter partout, avec des précipitations plus rares l'été et plus abondantes en hiver.

L'impact résultant de l'ensemble de ces évolutions climatiques va donc fortement varier dans l'espace. Le changement climatique pourra même être positif dans les régions situées aux latitudes élevées où l'agriculture est aujourd'hui contrainte par les températures froides de l'hiver. Mais son effet dépendra également, et surtout, des systèmes agraires que l'homme a progressivement installés dans ces espaces, une histoire des relations de l'agriculteur avec le climat qu'il est nécessaire de connaître pour comprendre où nous emmène le dérèglement climatique.

Une brève histoire de l'agriculture

L'agriculture apparaît il y a un peu plus de dix mille ans dans le Croissant fertile, au Proche-Orient, où de petits groupes de chasseurs-cueilleurs nomades se mettent graduellement à la culture de céréales et à l'élevage d'animaux. C'est le début de la révolution néolithique qui se diffuse ensuite vers l'Europe et l'Asie du Sud, plus tardivement vers la Chine. Cette invention de l'agriculture coïncide avec une rupture climatique majeure. Jusque-là, et depuis 1 million d'années, la planète subit une succession de glaciations très intenses entrecoupées de périodes de réchauffement parfois très rapide. Des fluctuations d'une ampleur difficile à imaginer aujourd'hui.

Comme l'agriculture peut nourrir de soixante à cent fois plus de personnes que la chasse et la cueillette sur la même surface, la population augmente. De 3 à 7 millions au début du Néolithique, elle atteint 1 milliard à l'aube de la révolution industrielle au début du XIXe siècle. Mais ce rythme reste en fait très lent, une augmentation moyenne de 50 % par millénaire. Pour donner un ordre de grandeur, la population terrestre a doublé au cours des cinquante dernières années.

Pendant ces dix millénaires, l'économie, principalement agricole, croît modestement, sans réussir à dépasser le rythme de la croissance démographique. Le revenu par tête ne décolle pas, l'économie ne réussissant qu'à maintenir la population au niveau de la simple subsistance. Un régime économique analysé par l'économiste anglais Thomas Malthus en 1803 dans son *Essai sur le principe de la population*, un ouvrage consacré par la postérité. Dans ce contexte de précarité structurelle, les chocs climatiques peuvent faire des ravages. S'appuyant sur des annales et des chroniques, l'historien Emmanuel Le Roy Ladurie[3] nous apprend, par exemple, que la famine provoquée par l'été pluvieux de 1694 a fait 1,3 million de morts en France. Des pertes humaines du même ordre de grandeur que celles de la Première Guerre mondiale dans un pays qui comptait alors 20 millions d'habitants, soit deux fois moins qu'en 1914.

Tout change avec la révolution industrielle, qui débute vers 1840 en Angleterre. Sont inventés et diffusés des équipements de production ou de transport utilisant des énergies fossiles, du charbon dans un premier temps, auquel viendront s'ajouter le pétrole et le gaz. Ces technologies s'avèrent très efficaces, générant des gains de productivité suffisamment élevés dans les activités industrielles pour assurer une croissance simultanée de la population et du revenu par tête.

On oublie trop souvent que cette industrialisation a son pendant agricole. Dans le régime économique antérieur, nourrir la population mobilisait la quasi-totalité des ressources humaines disponibles. L'industrialisation signifie *de facto* qu'un nombre de plus en plus réduit d'agriculteurs nourrit la part croissante de la population travaillant dans des usines et des bureaux. En France, la population est paysanne aux trois quarts en 1800[4]. Cette proportion tombe à un quart en 1950, les agriculteurs ne sont plus que 400 000 aujourd'hui. En parallèle, tout juste autosuffisant au XIXe siècle, le pays est devenu exportateur net alors que la population doublait. Derrière cette performance, pas d'extension de la surface cultivée, qui a même significativement régressé au profit des zones urbaines et espaces forestiers, mais une explosion du rendement à l'hectare de la production végétale. En France, 1 hectare – la surface correspondant environ à deux terrains de football – produisait 1 tonne de blé en 1850, 2 tonnes en 1950. Il en produit plus de 7 tonnes aujourd'hui.

À la différence d'autres secteurs économiques, la mécanisation n'est pas, au départ, au cœur de l'innovation agricole. Au XIXe siècle, le changement technique majeur est agronomique : l'abandon de la jachère, remplacée par des cultures de fourrage et de légumineuses, diminue les besoins en terres cultivables à production donnée. Se développent l'usage des engrais chimiques, le drainage, l'irrigation, la sélection génétique du cheptel et des espèces végétales. Compte tenu d'une atomisation des exploitations peu favorable à la substitution du capital au travail, le machinisme agricole ne se développera massivement en Europe qu'après la Seconde Guerre mondiale.

En parallèle, la part de la viande et des produits laitiers dans l'alimentation augmente. Comme le signale l'évolution de l'expression populaire, il s'agissait hier de « gagner son pain » – le paysan mangeait 1 kilo de pain par jour – et désormais de « gagner son bifteck ». Cette évolution a un impact sur l'agriculture qui ne se limite pas à la simple substitution de champs par des prairies. Il faut également augmenter les cultures fourragères pour nourrir le cheptel[5]. Or, biologiquement parlant, l'élevage est un processus consistant à transformer de la matière végétale en matière animale et cette opération est peu efficace. À l'extrême, la production de 1 kilo de viande de bœuf nécessite 6 kilos de céréales. Augmenter la part des calories d'origine animale dans l'alimentation crée donc une pression supplémentaire sur les systèmes agraires auxquels on demande d'augmenter la production végétale pour nourrir des animaux d'élevage de plus en plus nombreux.

Hors d'Europe, l'intensification se cumule avec une augmentation des surfaces cultivées dans les régions moins densément peuplées, où l'agriculture était peu développée, en particulier dans une grande partie du continent américain, où l'on défriche massivement des forêts et des prairies naturelles au XIXe et au XXe siècle, ou dans certaines zones d'Afrique.

Où en est-on aujourd'hui ?

L'intensification de l'agriculture est essentiellement achevée dans les pays industrialisés, mais elle se poursuit en Asie, en Amérique latine et en Afrique. Dans ces régions localisées à des latitudes inférieures, l'irrigation joue un rôle majeur. La surface mondiale irriguée a ainsi été multipliée par cinq au cours des cinquante dernières années. L'extension des surfaces cultivées ne joue plus le rôle qu'elle exerçait dans certaines zones du globe au moment de la colonisation. La déforestation se poursuit certes en Amérique latine – l'Amazonie en constituant l'exemple le plus médiatisé –, mais surtout en Afrique, comme l'attestent les données satellites les plus récentes[6]. Pourtant, malgré ces défrichements, la superficie des terres arables reste globalement à peu près constante depuis 1970, les gains dus à la déforestation et au défrichement des savanes équivalant aux pertes causées ailleurs par la dégradation des sols, la salinisation des terres dans certaines régions irriguées et l'extension des zones urbanisées.

La mécanisation, la chimie et la génétique ont donc permis de repousser les limites climatiques et biologiques qui contraignaient la production alimentaire. C'est heureux car, en parallèle, la population est passée de 4 à 8 milliards d'individus en cinquante ans. Cette intensification a réussi à absorber, à surface cultivée presque constante, ce spectaculaire choc démographique. Nourrir un être humain nécessitait en moyenne 0,45 hectare de terres en 1961, la moitié suffit aujourd'hui. Cette course entre production agricole et démographie galopante se poursuit puisque selon le scénario médian des projections démographiques de l'ONU[7], nous serions près de 10 milliards en 2050, avant que la population ne se stabilise autour de 10,5 milliards vers 2080. Le problème est que ce modèle est confronté à deux contraintes : son coût environnemental et l'impact du changement climatique.

Précisons le diagnostic avant de discuter les solutions possibles. Les engrais chimiques et les pesticides polluent l'eau, les sols et l'air, avec les conséquences sanitaires et écologiques que l'on connaît. L'intensification dégrade les sols, obérant leur capacité de production. Dans certaines régions, l'irrigation réduit la disponibilité en eau pour d'autres usages. L'expansion locale des surfaces cultivées détruit des zones naturelles riches en biodiversité, un phénomène qui touche d'abord les forêts des régions tropicales et subtropicales.

L'intensification participe à l'accélération du changement climatique. Le secteur agricole représente environ le quart des émissions mondiales de gaz à effet de serre. À la différence d'autres secteurs économiques, il ne s'agit pas principalement de dioxyde de carbone issu de la combustion d'énergies fossiles – les émissions des machines agricoles pèsent peu en relatif –, mais de méthane et de monoxyde d'azote. Le méthane est relâché par les bovins, les moutons et les chèvres au cours du processus de rumination et par la fermentation des rizières. Les émissions atmosphériques de protoxyde d'azote résultent de la dégradation dans le sol des engrais azotés et des effluents animaux qui y sont épandus. L'impact grandissant de l'agriculture sur le changement climatique est ainsi directement lié aux évolutions mentionnées plus haut : le développement de l'usage des engrais, la « carnivorisation » de l'alimentation et la mécanisation.

Un système agricole et alimentaire inchangé nourrirait la totalité des nouveaux venus mais augmenterait la température de 1 °C, nous apprend une récente étude publiée dans *Nature Climate Change*[8]. C'est énorme.

Un changement climatique qui diminue les rendements

Autre élément du diagnostic, l'impact du changement climatique sur les rendements agricoles. Le dernier rapport du GIEC sur les impacts, paru en 2022, fournit dans ses 194 pages consacrées à l'agriculture la synthèse la plus à jour de la recherche sur ce sujet. L'examen de l'évolution de la production depuis le démarrage du changement climatique, il y a quelques décennies, démontre que celui-ci a d'ores et déjà des effets. Il a réduit les rendements dans toutes les régions du monde sauf en Asie centrale, où la production de riz et de maïs a été favorisée par une augmentation des précipitations, et en Europe du Nord, où celle du blé l'a été par l'augmentation des températures, notamment hivernales. Les effets négatifs ont évidemment augmenté au cours des années, suivant en cela l'évolution du climat. En Europe, les pertes liées aux épisodes de sécheresse ont diminué la production de céréales de 9 % sur la période 1964-2018[9].

Sur la même période, l'intensification a toutefois plus que compensé cet impact du climat. La productivité mondiale a doublé depuis 1960 : l'agriculteur produit aujourd'hui la même quantité avec deux fois moins d'intrants et de terre. Mais ce gain est inférieur de 21 % à ce qu'il aurait été sans modification du climat. Auraient ainsi été perdues sept années de progrès technique depuis 1960. Ce ralentissement serait nettement plus marqué dans les zones les plus fragiles du point de vue alimentaire, en Afrique subsaharienne, au Maghreb, au Proche-Orient et en Asie du Sud. En Afrique, la moitié des bénéfices du progrès technique aurait été dissipée par l'évolution du climat. L'Europe reste encore largement épargnée.

Ces résultats sont inquiétants car, rappelons-le, les perspectives démographiques et alimentaires interdisent la stagnation des rendements. L'augmentation récente de la sous-alimentation au niveau mondial peut constituer un signe annonciateur d'un changement de trajectoire. Après avoir fortement reculé pendant des décennies, la faim ne recule plus depuis plus de dix ans. Elle s'est même accrue avec l'épidémie de covid et le conflit en Ukraine, ce pays et la Russie fournissant une grande partie des céréales échangées sur les marchés mondiaux. D'après la FAO, 9 % de la population mondiale continuent à être sous-alimentés, soit plus de 700 millions de personnes, en Afrique subsaharienne et de l'Est surtout, en Asie du Sud dans une moindre mesure[10]. Peut-être plus surprenant, les deux tiers de cette population habitent dans des zones rurales. Les individus ayant ainsi l'accès le plus direct aux denrées alimentaires, soit parce qu'ils les produisent, soit parce qu'ils vivent à proximité immédiate d'agriculteurs, semblent les plus mal lotis. Le paradoxe n'est qu'apparent. Faute de revenus suffisants, ils sont aussi moins armés que les urbains pour acheter ce qui leur manque sur le marché alimentaire.

Et l'avenir ? La prédiction est un art autrement plus difficile que l'analyse rétrospective. Des climatologues, des agronomes et des économistes coopèrent pour développer de très gros modèles mathématiques de prospective décrivant le plus finement possible le processus qui va de la climatologie à ses effets sur la production agricole. Si l'on se restreint aux espèces végétales majeures que sont le maïs, le riz, le soja et le blé, la synthèse de ces travaux par les experts du GIEC prédit une baisse moyenne des rendements à l'horizon 2050 de l'ordre de 3 % pour le riz, l'espèce la moins affectée, jusqu'à 13 % pour le soja. Mais ces chiffres prennent insuffisamment en compte plusieurs facteurs. Certains viendraient atténuer l'effet climatique : le progrès technique et l'adaptation. D'autres le renforceraient : une prévalence accrue de maladies des végétaux et de ravageurs, la dégradation des sols, certains types d'événements extrêmes comme les ouragans et la diminution de la productivité du travail agricole, les agriculteurs étant directement exposés à la chaleur extérieure pendant les canicules. Les chercheurs travaillent évidemment d'arrache-pied pour intégrer ces dimensions, mais la nécessaire complexification de modèles, déjà lourds, ralentit le progrès scientifique.

D'où l'apparition depuis quelques années d'analyses procédant d'une logique très différente. Elles partent du constat que l'agriculture a été installée dans des climats très divers, plus ou moins secs, plus ou moins froids, etc. Ce faisant, les agriculteurs ont adapté les pratiques agricoles aux conditions locales à travers le choix des espèces végétales à cultiver ou des espèces animales à élever, la sélection génétique pour en améliorer la productivité, le recours éventuel à de l'irrigation, le choix des dates de semis et de récolte, etc. Pourquoi ne pas alors exploiter l'observation de ces différences pour identifier le potentiel d'adaptation au changement climatique ? Prenons l'exemple de Bordeaux et de Séville. Un choix qui n'est pas totalement fortuit puisque la température de la seconde ville est supérieure de 4,5 °C à la première. Et cet écart correspond peu ou prou à l'augmentation de température qui attend Bordeaux à la fin du siècle si nous continuons à émettre autant de carbone. Bordeaux évoluerait donc dans un climat andalou. La comparaison de la viticulture pratiquée dans la province de Séville nous fournit alors des éléments sur ce que pourrait être une viticulture bordelaise adaptée au nouveau climat dans quelques décennies. Attention, l'exercice est plus compliqué, notamment du fait de l'existence d'autres différences que le climat. Par exemple, la région bordelaise devrait être demain plus riche que la province de Séville aujourd'hui, ce qui lui donnera des capacités d'adaptation supérieures à l'Andalousie d'aujourd'hui.

Dans l'esprit, c'est l'exercice auquel s'est livrée très récemment une équipe américaine d'économistes et de climatologues en découpant la surface agricole mondiale en 12 658 unités géographiques dans lesquelles est cultivée au moins l'une des six principales espèces végétales, leur production capturant les deux tiers des calories des cultures mondiales : le maïs, le riz, le soja, le manioc, le sorgho et le blé[11]. Leurs résultats ? Malgré une adaptation divisant par deux les dégâts potentiels du changement climatique, la production mondiale de calories alimentaires par tête resterait inférieure de 10 % à ce qu'elle est aujourd'hui dans le scénario, optimiste, d'un réchauffement limité à 2 °C. Effrayant quand on sait que 800 millions d'êtres humains souffrent déjà de la faim.

Si l'on se cantonne à un indicateur étroitement économique, le produit intérieur brut, l'effet du changement climatique sur l'agriculture reste modeste quand on l'apprécie au niveau mondial : une perte de 0,26 % du PIB par rapport à un scénario sans changement climatique et en ne prenant en compte que les pertes générées pour les dix espèces végétales les plus cultivées[12]. Mais la modestie de ce chiffre reflète surtout le fait que l'agriculture n'est plus un secteur économique majeur dans de nombreux pays. Les impacts sont beaucoup plus alarmants quand on se concentre sur des pays dont l'économie reste très agricole : des pertes de 10 % pour la Birmanie, le Ghana, le Soudan ou la Thaïlande, par exemple, et même une division par deux de la richesse du Malawi. Comme dans d'autres secteurs, le dérèglement climatique est une machine à exacerber les inégalités entre pays (voir chapitre 9).

Ces recherches économétriques infèrent la contribution de l'adaptation à partir de l'observation des comportements passés des agriculteurs. Elles ne prennent donc en compte que des solutions d'optimisation du modèle agricole existant face aux contraintes climatiques. Ce que nous pouvons appeler l'adaptation intensive, qui consiste à pousser la logique actuelle plus loin pour exploiter ce qu'elle sait faire : améliorer les rendements, ou plutôt freiner leur diminution. Comment alors s'adapter sans trop polluer et réchauffer la planète tout en en augmentant la production alimentaire pour suivre la croissance démographique ?

Augmenter les surfaces cultivées ?

La distribution géographique de la surface agricole sur le globe va significativement changer dans les décennies qui viennent. Première évolution, une partie de la surface cultivée dans la partie occidentale du Sahel, en Afrique australe, autour de la Méditerranée, au Chili, en Inde, au Bangladesh, en Océanie va disparaître sous l'effet des sécheresses, de la chaleur ou de la montée des eaux. Comme il est difficile d'imaginer une réduction de la surface urbanisée – destinée même à augmenter inexorablement dans de nombreux pays en développement –, l'extension des surfaces agricoles ne pourra se faire qu'au détriment des milieux naturels.

Comme nous l'avons mentionné plus haut, ce processus est en cours dans les régions tropicales et subtropicales avec la destruction d'espaces forestiers et de prairies naturelles en Afrique, en Asie et en Amérique latine. Poursuivre dans cette direction se paiera au prix fort : la disparition de réservoirs de biodiversité et la destruction de puits de carbone naturels. Cette voie est en profonde contradiction avec les objectifs d'atténuation du changement climatique et de protection de la biodiversité.

Mais elle va également se jouer dans les latitudes élevées de l'Europe du Nord, de l'Amérique du Nord et du Sud ou de l'Asie sibérienne et centrale. Dans ces régions, les conditions climatiques qui avaient jusque-là freiné, voire interdit, l'agriculture vont s'adoucir, ouvrant de nouveaux espaces cultivables. À ces latitudes, les dommages environnementaux seront plus limités que sous les tropiques, dans la mesure où la forêt boréale et la toundra accueillent une diversité biologique plus modérée et stockent moins de carbone.

Pour résumer, se dessine une géographie de la production agricole remaniée par l'évolution contrastée des conditions climatiques dans les différentes régions du globe.

Une recherche publiée dans *Environmental Research Letters*[13] estime l'effet combiné de ces diminutions et extensions des surfaces agricoles sur la production végétale à l'horizon 2050. Dans le scénario pessimiste d'une poursuite des émissions au rythme actuel, la relocalisation des surfaces agricoles n'aurait pas d'effet sur le niveau global de la production de calories végétales par rapport à un scénario sans changement climatique ; elle ne ferait que déplacer les lieux de leur production.

Développer l'irrigation ?

Installée sur 22 % des terres cultivées (essentiellement pendant la révolution verte en Asie de 1960 à 1990), l'agriculture irriguée est capable d'assurer 40 % de la production alimentaire mondiale. Son développement constitue ainsi une stratégie à considérer sérieusement pour limiter les effets du changement climatique sur les rendements, notamment en Afrique où seulement 4 % des terres sont irriguées.

La première question est évidemment la soutenabilité de son expansion. Dans de nombreux endroits, en Californie, dans la plaine du nord de la Chine et dans le bassin du Gange notamment, les prélèvements d'eau de l'agriculture dépassent d'ores et déjà les disponibilités locales en eau renouvelable ou diminuent le débit des fleuves et rivières à un niveau dégradant les écosystèmes aquatiques. 40 % de la surface irriguée serait concernée[14].

Cette réalité ne disqualifie pourtant pas l'irrigation pour au moins deux raisons. Tout d'abord, des solutions techniques d'irrigation existent pour améliorer son efficacité, substituer l'irrigation par inondation ou par aspersion par le goutte-à-goutte par exemple, et l'un des défis des décennies à venir est de les diffuser. Ensuite, si la zone méditerranéenne et une grande partie de l'Amérique latine vont subir des sécheresses plus fréquentes, d'autres régions bénéficieront de précipitations plus abondantes : une grande partie de l'Afrique subsaharienne, à l'exception de sa façade ouest et de l'Afrique australe, le Moyen-Orient, l'Asie du Sud et de l'Est, notamment[15].

L'évolution du régime des précipitations et la diffusion de bonnes pratiques laissent ainsi une place pour le développement d'une irrigation ne menaçant pas la ressource en eau. Quelle place ? Importante selon une équipe d'hydrologues de Berkeley et de l'École polytechnique de Milan[16]. Son expansion pourrait nourrir jusqu'à 1,4 milliard de personnes en plus d'ici à 2050. Rappelons que les projections démographiques nous annoncent près de 2 milliards d'humains supplémentaires à cet horizon. L'exploitation de ce potentiel nécessiterait toutefois le développement d'infrastructures lourdes, en particulier la multiplication de réservoirs de taille suffisante pour un stockage intersaisonnier fournissant, pendant la période de croissance végétale, l'eau accumulée le reste de l'année. Si l'on se restreint aux systèmes plus décentralisés fondés sur des réservoirs de petite taille, le potentiel ne serait plus que de 300 millions de personnes.

Ces estimations reposent sur une approche technique en ce sens que la méthodologie choisie n'intègre dans l'évaluation ni les coûts économiques de cette expansion ni les conditions institutionnelles. Or l'approche centralisée, qui fournirait l'essentiel de la contribution de l'irrigation à l'augmentation de la production alimentaire, nécessite des investissements très élevés et des organisations à même de les financer, les piloter et d'en assurer la maintenance. Cette recherche nous dit en creux que ce sont là les facteurs à même de limiter le développement de l'irrigation, plus que les contraintes physiques sur la disponibilité de la ressource. Des contraintes complexes à lever dans certaines zones d'Afrique, du Moyen-Orient ou d'Asie du Sud, des zones techniquement favorables au développement de l'irrigation. La capacité d'investissement et les institutions à même de les gérer y sont en effet limitées.

Adapter les régimes alimentaires ?

Près de 40 % des adultes sont aujourd'hui en surpoids dans le monde, un pourcentage multiplié par trois depuis 1975. L'excès de nourriture tue aujourd'hui plus que la sous-nutrition. Une véritable « épidémie », pour reprendre le terme utilisé par l'Organisation mondiale de la santé. Il est alors naturel de voir dans la lutte contre l'obésité une stratégie à même de nous faire gagner sur tous les tableaux : des bénéfices sanitaires, mais aussi une réduction de la demande alimentaire de cette population de plus de 2 milliards d'individus au profit des populations souffrant aujourd'hui de la faim et des presque 2 milliards de bouches à nourrir supplémentaires attendues pour 2050. Et tout cela, sans impact environnemental.

Sauf que… le déterminant majeur du surpoids est le revenu, notamment parce que la croissance économique s'accompagne d'une urbanisation générant des modes de vie qui limitent les efforts physiques et accentuent la consommation d'aliments plus transformés. Certes, la diffusion de la surnutrition ralentit dans les pays les plus industrialisés, mais aucun pays n'a vu ce taux décroître depuis des décennies. Et le rattrapage économique de certains pays du Sud ne laisse pas augurer une régression de l'épidémie.

Autre piste, la réduction de la consommation de viande et de lait dans les rations alimentaires. Nous avons expliqué en quoi l'élevage mettait en tension le système agricole en multipliant la surface agricole nécessaire pour produire 1 calorie. C'est, là aussi, une stratégie qui coche beaucoup de cases, en particulier environnementales puisque l'élevage est à l'origine d'une grosse part des émissions de gaz à effet de serre du secteur agricole. Mais, à l'instar du surpoids, un lien étroit entre consommation de viande et niveau des revenus complique l'équation. En 1960, un Chinois consommait 3 kilos de viande par an, il en consomme 60 kilos aujourd'hui. Un Indien se contente aujourd'hui de 4 kilos, mais il est difficilement imaginable que la croissance de son revenu ne le conduise pas à augmenter rapidement cette consommation, même si des facteurs culturels peuvent modérer cette évolution. Et le même mécanisme risque d'opérer en Indonésie, en Thaïlande, au Brésil, au Nigeria, etc.

La consommation de viande recule toutefois légèrement dans l'Union européenne depuis une vingtaine d'années. Un Allemand mange ainsi annuellement 20 kilos de viande de moins qu'il y a trente ans. Cette baisse est particulièrement marquée pour la viande de bœuf, une bonne nouvelle compte tenu de la pression plus élevée qu'elle exerce sur le système agricole. L'élevage de volailles ou de porc émet en effet moins de carbone et exige moins d'hectares par calorie alimentaire produite. Si cette tendance est loin de compenser l'augmentation très marquée dans de nombreuses autres régions, elle laisse entrevoir des marges de progrès plus significatives que la réduction de l'obésité.

Ajuster le commerce international des denrées agricoles ?

La distribution géographique de la production agricole ne coïncide pas avec celle de la demande alimentaire, d'où l'existence d'un commerce international dont le volume ne cesse d'augmenter. En simplifiant, les Amériques, du Nord et du Sud, et l'Europe au sens large, y compris la Russie et l'Ukraine, exportent une partie de leur production vers l'Afrique, le Moyen-Orient et l'Asie de l'Est. La dépendance de certains pays aux importations est particulièrement marquée. Au Proche- et au Moyen-Orient et en Afrique du

Nord, les trois quarts de la consommation alimentaire locale sont importés, en particulier les céréales de base qui contribuent le plus directement à la sécurité alimentaire. L'Égypte, premier importateur mondial de blé, constitue une parfaite illustration de la logique à l'œuvre. Le pays doit nourrir plus de 80 millions d'habitants, alors que seulement 2,6 % de son territoire est cultivable. Le changement climatique ne pourra que renforcer cette polarisation entre des régions tempérées ou semi-tempérées plus propices à l'agriculture et certains pays du Sud très dépendants des importations. Le commerce international qui est aujourd'hui un outil essentiel de la sécurité alimentaire mondiale devra continuer à jouer ce rôle dans un monde plus chaud.

Cette dépendance aux importations ne va pas sans poser de problèmes. Il est ici utile de partir de la théorie des avantages comparatifs élaborée par l'économiste David Ricardo au début du XIXe siècle pour analyser l'effet du commerce international. Selon lui, chaque pays a intérêt à se spécialiser dans un secteur économique dans lequel il bénéficie d'un coût de production plus faible que ses partenaires commerciaux et à importer ce qu'il ne produit pas. Dans cette configuration, le commerce international est favorable à tous : la production de chaque secteur se localise dans les pays où les coûts sont les plus faibles et les échanges permettent à chacun d'acheter ce qu'il ne produit pas, ou pas suffisamment. Cette spécialisation géographique réduit les coûts de production et donc les prix des denrées agricoles par rapport à un scénario d'autosuffisance.

Cette vision optimiste ne fonctionne que pour les pays jouissant d'un avantage comparatif dans au moins un secteur économique, celui-ci générant les ressources financières nécessaires pour acheter sur le marché international ce qui leur manque. Dans le Sud, c'est notamment le cas des pays disposant de réserves abondantes de pétrole, de gaz ou d'autres ressources minérales. On pense aux pays du Golfe, au Nigeria, au Gabon, à l'Algérie mais aussi au Maroc, le plus grand producteur de phosphates au monde. D'autres se spécialisent dans l'agriculture, à l'image de la Côte d'Ivoire avec le café et le cacao, leur permettant de financer l'importation d'autres denrées agricoles. Ou le tourisme comme l'économie égyptienne, qui repose également, c'est moins connu, sur l'exploitation du gaz et du pétrole.

Mais demeurent des pays qui peinent à trouver leur avantage comparatif et restent fortement dépendants d'une économie agricole traditionnelle nourrissant difficilement l'ensemble de leur population. Dans ces pays, le commerce international agricole est à la fois une malédiction et une bénédiction. Une malédiction pour les agriculteurs locaux dont la production est en concurrence avec des agriculteurs produisant à moindre coût à l'étranger. Une bénédiction pour ceux disposant de revenus suffisants, les habitants des villes en particulier, pour acheter des produits alimentaires importés à un prix plus faible que la production locale. Un mécanisme qui explique en partie la prévalence paradoxale de la faim dans les zones rurales, renforçant dans le monde en développement les inégalités entre les villes et les campagnes, les premières consommant des denrées importées à un prix modéré par la concurrence des importations, les secondes souffrant de la baisse des cours. L'aide alimentaire, si elle ne reste pas ponctuelle et ciblée, vient même exacerber le phénomène.

Amartya Sen, économiste indien récipiendaire du prix Nobel en 1998, explique brillamment dans son essai *Pauvreté et famines* comment les crises alimentaires ne sont ainsi pas uniquement dues au manque de nourriture mais aussi aux inégalités provoquées par les mécanismes de distribution de la nourriture à l'intérieur des pays. Il insiste sur la source politique du problème : l'influence politique moindre des populations rurales pauvres qui sont *de facto* incapables d'obtenir une redistribution interne des richesses au profit des agriculteurs. Ce que fait l'Union européenne avec la politique agricole commune : les subventions correspondent à 18 % de la valeur de la production agricole pendant que le taux moyen atteint péniblement

1,4 %[17] dans les pays à bas revenu. Accompagner les agriculteurs des pays moins avancés apparaît ainsi plus qu'hier comme une dimension essentielle de l'adaptation au changement climatique. Cela ne relève pas seulement de l'aide internationale au développement, mais aussi et surtout de politiques nationales capables d'organiser des transferts internes vers les populations rurales les plus exposées aux chocs climatiques.

Développer l'agroécologie ?

Initialement conçu dans une logique de réduction des impacts environnementaux, le concept est de plus en plus associé à la résilience et à l'adaptation au changement climatique. Dans son principe, il s'agit d'améliorer les systèmes agricoles en mobilisant des mécanismes inspirés du fonctionnement des écosystèmes naturels. Relèvent alors de l'agroécologie des pratiques de diversification des cultures, y compris au sein des parcelles, à l'image de l'agroforesterie associant des arbres à une culture agricole ou à de l'élevage, le contrôle biologique des ravageurs et la fertilisation organique pour limiter l'usage des pesticides et des engrais de synthèse, des itinéraires culturaux sans labour pour préserver la structure du sol, la gestion des paysages, à l'aide de haies par exemple, pour limiter le lessivage et créer des complémentarités entre parcelles.

Compte tenu du constat discuté plus haut sur l'effet du changement climatique, la question la plus importante est l'impact de ces pratiques sur les rendements à l'hectare. De nombreuses recherches portent sur l'agriculture biologique, un cas simple à étudier car les exploitations sont aisément identifiables par le label certifiant leur production. Une récente synthèse parue dans *Agricultural Systems* examine les résultats de 105 études menées sur le sujet. Elle estime qu'en moyenne le rendement de l'agriculture biologique est inférieur de 18 % à celui de l'agriculture conventionnelle, et ce quels que soient le climat et les espèces végétales cultivées[18]. Même constat dans un rapport de France Stratégie sur la France[19]. En revanche, ces études convergent pour constater une rentabilité le plus souvent plus élevée que celle des pratiques conventionnelles, notamment car l'augmentation des coûts du travail est plus que compensée par des prix plus élevés et la diminution du coût des intrants.

Le bio est une version stricte de l'agroécologie puisqu'il interdit tout usage d'engrais chimiques et de pesticides de synthèse. Ces résultats ne sont donc pas directement extrapolables à l'ensemble des pratiques agroécologiques, qui peuvent en autoriser un usage raisonné. La recherche portant sur d'autres pratiques se limite à l'étude spécifique de l'agriculture villageoise des pays en développement, un sujet d'importance puisque le tiers des calories alimentaires consommées au niveau mondial reste produit dans des exploitations du Sud d'une surface inférieure à 2 hectares. Les résultats sont très différents de ceux issus des recherches sur l'agriculture biologique : une récente synthèse des études disponibles identifie cette fois une augmentation des rendements dans les deux tiers des cas étudiés[20]. Ces résultats ne contredisent pas les précédents sur l'agriculture biologique. Ils portent en effet sur une réalité très différente : la transition agroécologique de systèmes agricoles traditionnels utilisant initialement peu d'intrants chimiques. Le scénario de référence des études sur le bio est, lui, fondé sur une agriculture déjà intensifiée.

La base scientifique sur la performance de l'agroécologie reste encore fragile et partielle, d'autant qu'aucune recherche ne projette ces pratiques agroécologiques dans des scénarios climatiques futurs. Elle suggère toutefois que l'agroécologie peut contribuer à l'adaptation des pays du Sud, offrant ainsi une trajectoire de développement alternative à celle de l'agriculture intensive. D'autant qu'elle augmente les revenus des agriculteurs, qui représentent une protection face à la crise climatique soulignée à de multiples reprises dans les chapitres précédents.

Ce que nous décrivons depuis quelques pages ressemble à grands traits aux évolutions observées dans le reste de l'économie depuis plus d'un siècle. Une activité qui a connu des gains explosifs de productivité grâce à l'adoption d'un modèle industriel de production avec, en contrepartie, des émissions mondiales de gaz à effet de serre et d'autres dégâts à l'environnement. Avec une différence essentielle toutefois : l'agriculture est, plus que d'autres secteurs, exposée aux conséquences du changement climatique. Une caractéristique qui fragilise la sécurité alimentaire de nombreux pays et qui menace les économies de pays en développement dans lesquels l'agriculture constitue encore l'activité économique dominante.

En rappelant qu'elle a évolué depuis sa naissance dans un régime climatique d'une stabilité inédite, l'agriculture saura-t-elle s'adapter sans multiplier les dommages environnementaux, tout en nourrissant un nombre toujours croissant d'êtres humains ? Une réponse univoque n'est pas possible. Nous savons simplement avec un degré de certitude raisonnable que l'ouverture à l'agriculture de nouveaux territoires dans les régions froides de l'Amérique du Nord, de l'Europe du Nord et de l'Asie centrale ne fera que compenser la perte ailleurs de terres arables sous l'effet de l'accroissement des sécheresses, l'élévation du niveau de la mer et l'urbanisation qui va continuer à grignoter les espaces agricoles. De même, la modification des régimes alimentaires ne semble pas pouvoir offrir une contribution majeure, du fait de la croissance du revenu qui s'accompagnera de celle de la consommation de viande et de la diffusion de l'obésité dans les économies en rattrapage économique.

Restent trois mécanismes : le développement de l'irrigation à même de multiplier les rendements dans les zones d'agriculture aujourd'hui pluviale, le développement du commerce international vers les pays qui seront dans une situation de dépendance alimentaire grandissante et une modernisation agroécologique de l'agriculture villageoise traditionnelle des pays du Sud. Dans les trois cas, l'adaptation passe par des politiques publiques agressives, pour financer et gérer les infrastructures d'irrigation dans le premier cas, pour opérer des transferts vers les agriculteurs des pays les plus pauvres exposés de manière grandissante à la concurrence internationale dans le second, pour accompagner l'évolution de nouvelles pratiques agricoles dans le dernier. Ces politiques doivent s'inscrire dans le dispositif de coordination internationale qu'offre l'accord de Paris.

Faute de quoi nous serons amenés à laisser filer les émissions de carbone du secteur en poursuivant l'intensification sur le modèle conventionnel et à limiter sa contribution à la capture du carbone en autorisant la déforestation et la destruction des prairies naturelles dans les régions tropicales et subtropicales.

CHAPITRE 7

Adaptation *versus* atténuation

Cessons d'opposer l'adaptation et l'atténuation.

Elles poursuivent le même objectif : réduire les pertes humaines, matérielles et naturelles. De façon différente puisque l'une s'attaque aux causes et l'autre aux conséquences et que l'une apporte des bénéfices globaux et l'autre locaux.

L'adaptation est indispensable car les dommages sont déjà là et elle produit des résultats dès maintenant. Elle offre aussi une assurance contre le risque de non-respect des engagements de réduction des émissions pris par les États et celui d'avoir sous-estimé les dommages futurs.

Le risque de maladaptation ne doit pas servir de repoussoir. De nombreuses mesures d'adaptation consomment inévitablement de l'eau, des matières premières et des énergies fossiles. Ces effets négatifs ne suffisent pas à les discréditer. Il faut examiner s'ils l'emportent sur les bénéfices, par exemple sur la mortalité et la santé.

L'adaptation renforce paradoxalement les besoins d'atténuation. En particulier en matière d'efficacité et de décarbonation de l'énergie.

Le mystère de l'extraordinaire adaptation des êtres vivants à leur milieu doit à Charles Darwin son élucidation : la sélection naturelle des individus les mieux adaptés au milieu dans lequel l'espèce est installée. Ce processus biologique ne nous sera pourtant que de peu d'utilité compte tenu du rythme actuel du réchauffement climatique. L'un des champions du monde de vitesse évolutive est le caractère génétique qui permet aux humains de bien digérer le lait une fois adultes[1]. Parti de zéro à la naissance de l'agriculture il y a dix mille ans, les deux tiers des humains en sont aujourd'hui porteurs. L'adaptation au changement climatique aujourd'hui doit, elle, être réalisée en quelques décennies. Comme nous l'avons vu dans les précédents chapitres, des ressources culturelles, institutionnelles, techniques sont disponibles pour y contribuer.

Une autre spécificité de l'être humain est sa capacité à influencer le climat. Pour le pire jusqu'à présent, avec un stock de CO_2 atmosphérique augmenté de 50 % depuis la révolution industrielle. Pour le meilleur demain si nous réussissons à réduire nos émissions et à protéger les puits de carbone. L'atténuation vise le même objectif que l'adaptation : réduire les pertes humaines, matérielles et naturelles, la première atteignant son but directement, la seconde indirectement. Il est alors naturel de s'interroger sur la place à donner à chacune de ces stratégies. Est-il préférable d'agir sur les causes ou sur les effets ?

L'inévitable besoin d'adaptation

L'adaptation n'a pas toujours bonne presse, notamment quand elle est interprétée comme une forme de renoncement à la lutte contre l'effet de serre. Commençons donc par passer en revue quelques arguments justifiant son caractère inéluctable. Le premier est imparable : le changement climatique est déjà là. Rappelons quelques chiffres.

L'augmentation de la température moyenne au niveau mondial depuis 1900 : + 1,1 °C ; + 1,7 °C pour la France, qui se réchauffe plus rapidement que la moyenne mondiale. En 2022, 35 % des sols du territoire français ont été en situation de sécheresse, situation inédite depuis le début des analyses de sécheresse de Météo-France en 1959. Au niveau mondial, d'après les chiffres disponibles de la base de données internationale sur les catastrophes (EM-DAT), les pertes économiques dues aux catastrophes liées aux conditions météorologiques extrêmes ont été multipliées par sept depuis les années 1970. Une étude de *Nature Climate Change* suggère qu'une centaine de milliers de personnes décéderaient chaque année dans le monde du fait d'une chaleur excessive attribuable au réchauffement du climat (voir chapitre 1).

La poursuite de cette tendance est inévitable car la baisse des températures n'est pas pour demain. L'arrêt des seules émissions de CO_2 du jour au lendemain mettrait seulement un coup de frein à l'élévation de la température moyenne globale. Voici ce qui devrait en effet se passer. D'un côté, l'inertie océanique fait que les eaux continueront de se réchauffer, ce qui contribuera à élever la température de l'atmosphère. D'un autre, les puits de carbone naturels (océan, forêt, tourbière, etc.) continueront d'agir, ce qui diminuera la quantité de CO_2 dans l'atmosphère ; et donc refroidira l'atmosphère. Or ces deux phénomènes contraires s'annulent à peu de chose près. Les modèles climatiques aboutissent en moyenne à une variation de 0,03 °C un demi-siècle après l'arrêt total des émissions. Il faudrait attendre plusieurs centaines d'années, voire des milliers, pour parvenir à l'équilibre de ce nouveau régime à une température plus basse.

Pour assister à une baisse rapide de la température, il faudrait un arrêt total des émissions de *tous* les gaz à effet de serre. En particulier du méthane car s'il disparaît de l'atmosphère incomparablement plus vite que 1 tonne de CO_2, il contribue plus de vingt fois à l'effet de serre. Cette baisse, estimée à environ 0,5 °C à l'horizon 2100, risque cependant d'être contrecarrée par un troisième facteur à prendre en compte : les aérosols. Les effets nocifs pour la santé humaine de ces particules fines en suspension dans l'air sont bien connus. Mais, comme les nuages, elles renvoient et absorbent aussi une partie des rayons du soleil. Leur présence refroidit l'atmosphère. Or une partie des aérosols provient de la combustion des énergies fossiles, en particulier des émissions de SO_2 et de NO_x. L'arrêt des émissions du seul CO_2 comme gaz à effet de serre conjugué à celui des émissions d'aérosols aboutirait à un réchauffement de 0,4 °C. Quant à l'arrêt total des émissions de tous les gaz à effet de serre conjugué à celui des émissions d'aérosols, il se traduirait par un réchauffement sur deux ou trois décennies avant que la planète ne se refroidisse progressivement.

Considérons maintenant un scénario plus réaliste, celui qu'a prévu l'accord de Paris en 2015. Pour limiter le réchauffement « nettement en dessous de 2 °C par rapport aux niveaux préindustriels et [...] poursuivre l'action menée pour limiter l'élévation des températures à 1,5 °C », les États ont depuis annoncé leurs contributions à l'atteinte de cet objectif. À titre d'illustration, l'Union européenne s'est ainsi engagée à réduire ses émissions de 55 % à l'horizon 2030, puis à atteindre la neutralité carbone – ce que les experts appellent le zéro émission nette – d'ici à 2050. La Chine prévoit, elle, de cesser d'augmenter ses émissions en 2030 pour les diminuer jusqu'à la neutralité carbone en 2060. L'Inde est plus floue et se contente essentiellement d'annoncer un objectif de neutralité carbone pour 2070. À première vue, la direction prise est la bonne : la somme de l'ensemble des contributions nationales déclarées et la prise en compte des calendriers nationaux d'atteinte de l'objectif zéro carbone net aboutissent sur le siècle à une élévation de la température moyenne mondiale de 1,7 °C par rapport à l'époque préindustrielle. Mais ces promesses seront-elles tenues ? Difficile de le croire.

Premier point, ces engagements nationaux sont juridiquement non contraignants. L'accord ne prévoit aucune sanction formelle en cas de non-respect. Ne pas tenir ses engagements est d'ailleurs un grand classique de la négociation climatique. À Kyoto en 1997, les pays industrialisés – Europe, États-Unis, Japon en tête – s'étaient collectivement fixé des objectifs nationaux de réduction de leurs émissions à l'horizon 2012. Le Japon, les États-Unis, le Canada, l'Australie et, plus près de nous, la Suisse, la Norvège ou l'Islande ont tous largement dépassé leur quota d'émissions. Seule l'Union européenne a respecté ses engagements*. Autre illustration, les retraits successifs des États-Unis sous les présidences de Bush et de Trump des accords de Kyoto puis de Paris que le pays avait pourtant signés.

Une équipe internationale de chercheurs s'est penchée sur la crédibilité des engagements nationaux pris depuis l'accord de Paris[2] en construisant un indicateur la mesurant pour chaque pays. Cet indicateur repose notamment sur les réponses aux questions suivantes : des mesures de baisse des émissions d'ici à 2030 sont-elles déjà actées ? L'objectif zéro carbone net a-t-il été inscrit dans la loi ? L'Union européenne ainsi que le Royaume-Uni remplissent toutes

---

* Pour être parfaitement rigoureux sur ce point, les États-Unis ou le Canada n'ont pas eu formellement à tenir leurs engagements puisqu'ils sont sortis du protocole avant que les objectifs ne soient arrivés à échéance. Par ailleurs, les ex-pays socialistes d'Europe centrale et orientale et de l'ex-Union soviétique ont dépassé les leurs, un résultat sans grande signification car leurs objectifs avaient, pour des raisons diplomatiques, été sciemment fixés à un niveau ne nécessitant aucun effort.

les conditions pour bénéficier d'une crédibilité élevée. L'Union indienne, aucune. Le score de la Chine est un peu meilleur, car elle dispose au moins d'un plan de long terme avec des objectifs intermédiaires et des stratégies prioritaires identifiées d'atténuation. Sur la base de ce score de confiance dans l'atteinte de la cible, les chercheurs établissent ensuite les quantités de gaz à effet de serre et de température à atteindre. En ne retenant que les engagements raisonnablement crédibles, l'élévation de température s'établirait à 2,4 °C. L'exemple du Royaume-Uni qui a récemment décidé de réviser ses objectifs d'atténuation à la baisse montre que cette valeur pourrait être dépassée. En tout état de cause, comme l'écrit de façon tranchante l'hebdomadaire *The Economist*, il n'est plus possible huit ans après l'accord de Paris « de maintenir en vie cet objectif [...] le 1,5 °C est mort ».

À la forte incertitude sur la mise en œuvre des actions d'atténuation déclarées, il convient d'ajouter celle de la sensibilité de la température à la teneur en CO_2 de l'atmosphère. L'élévation de 2,4 °C en 2100 que nous venons de citer correspond à une moyenne dans un intervalle de confiance qui reste très large. L'ampleur de la réponse du climat et du cycle du carbone à l'augmentation des émissions est un champ de recherche très actif. Le sixième rapport du GIEC a ainsi pu améliorer la précision de ses projections par rapport aux précédents mais l'incertitude reste impressionnante : dans un scénario qui prévoit un doublement du CO_2 atmosphérique, il y a deux chances sur trois que l'augmentation de la température soit comprise entre 2 °C et 4 °C, mais aussi une sur dix qu'elle puisse dépasser 5 °C[3].

L'ensemble de ces éléments démontre que mieux vaut caler le niveau de l'effort d'adaptation en anticipant des efforts d'atténuation insuffisants et une forte sensibilité de la température à la teneur en CO_2 de l'atmosphère. C'est une assurance contre l'évolution la plus défavorable en termes de dommages. Nous reviendrons dans le chapitre suivant sur la façon dont la France prend en compte cette réalité dans sa politique d'adaptation.

Les difficultés de l'analyse coût-bénéfice global

Une fois posé le caractère incontournable de l'adaptation, reste que les deux orientations – adaptation et atténuation – peuvent se substituer partiellement l'une à l'autre. Cela conduit à s'interroger sur la répartition des efforts à leur consacrer. Quel est le bon mix ? Faut-il mettre plus d'argent sur l'adaptation et moins sur l'atténuation, ou *vice versa* ?

Pour aborder la question, livrons-nous à une expérience de pensée en imaginant un planificateur mondial en charge du bien-être de l'ensemble des habitants actuels et futurs de la planète. Il doit choisir la répartition optimale des efforts d'adaptation et d'atténuation et, par ailleurs, il ne peut pas tout faire, du fait d'une contrainte de budget par exemple. Enfin, il est économiste et va donc mener une analyse coût-bénéfice en comparant l'ensemble des coûts et des bénéfices des deux options.

Pour cela, il recense les solutions disponibles pour s'adapter ou réduire les émissions et collecte de l'information sur leurs coûts et leurs bénéfices respectifs. Il choisit ensuite celles dont le ratio coût-bénéfice est le plus faible jusqu'à épuisement de l'enveloppe budgétaire dont il dispose. On sait déjà que ce panier contiendra de l'adaptation et de l'atténuation. Il y a en effet de part et d'autre des actions dont le ratio coût-bénéfice est extrêmement favorable et donc à mener dans tous les cas de figure. Pensons par exemple aux mesures de protection des populations grâce aux systèmes de prévision et d'alerte qui permettent d'annoncer à l'avance une tempête ou une canicule. Pour l'atténuation, pensons à certaines mesures d'efficacité énergétique comme le remplacement des ampoules incandescentes par des ampoules LED.

Pour le reste, la mise en œuvre pratique de cette évaluation nécessite de traiter plusieurs problèmes. En premier lieu, une grande partie des bénéfices de l'adaptation et de l'atténuation est non monétaire. Prenons l'exemple de la mortalité, un sujet évoqué à de multiples reprises dans les pages précédentes. Intégrer dans le calcul coût-bénéfice l'impact sanitaire de différentes solutions d'adaptation et d'atténuation nécessite de donner une valeur monétaire aux décès. Cet exercice a par exemple été mené dans une recherche sur le coût de la canicule de 2019, celle qui a vu l'établissement d'un nouveau record de température pour la France avec 45,9 °C observés le 28 juin à Gallargues-le-Montueux dans le Gard. Une pharmacienne, une épidémiologiste et un économètre ont cherché à mesurer son impact sanitaire sous l'angle économique[4]. Ils évaluent le coût de cette canicule à près de 8,6 milliards d'euros. Le coût principal de ce chiffrage, un peu plus de 6 milliards d'euros, correspond à la surmortalité. Pour le calculer, les auteurs ont fait l'hypothèse d'un coût de 3 millions d'euros par décès, une valeur de référence adoptée en France pour l'évaluation des politiques publiques. Elle a été fixée dans un rapport de France Stratégie en 2013[5]. D'où vient ce chiffre ? Comment l'analyse économique parvient-elle à assigner une valeur chiffrée à ce que l'homme a de plus précieux ? André Malraux ne disait-il pas : « Une vie ne vaut rien, mais rien ne vaut une vie[6] » ?

Associer des euros à des décès est un exercice que l'analyse économique réalise depuis déjà une cinquantaine d'années. Il a donné lieu à la publication de nombreux résultats chiffrés, connus des spécialistes sous l'appellation de « valeur statistique d'une vie » ou *value of a statistical life* (VSL), un terme forgé par Thomas Schelling dans son article publié en 1968 intitulé « La vie que vous sauvez est peut-être la nôtre » (« The life you save may be our own »). Cette VSL n'est pas le prix d'une vie identifiée, encore moins de la vôtre. Il s'agit du coût que nous sommes prêts à payer pour éviter une mort anonyme. Dans la pratique, ce consentement à payer est principalement estimé par des méthodes d'enquête par sondage (analyse contingente ou conjointe*). Depuis l'article de Schelling, les études concernant la détermination de cette VSL se sont multipliées. Un rapport de l'OCDE en dénombrait déjà près d'un millier en 2012[7]. Dans cette synthèse, la VSL moyenne est ressortie à près de 3 millions d'euros avec cependant une grande dispersion selon les pays : un écart de 1 à 3 entre les seuls pays européens par exemple. Elle varie aussi d'une catégorie de population à l'autre, notamment selon les revenus et l'âge, d'un projet à l'autre, plus forte par exemple si l'étude identifie le consentement à payer pour un programme de santé que celui pour un programme d'aménagement routier réduisant le risque d'accidents, ou encore selon la méthode choisie : celle consistant à la découvrir à partir des salaires des métiers à risque donne des chiffres plus faibles que les autres.

En France la valeur recommandée pour le calcul économique a été fixée dans un rapport du Commissariat général du plan à 3 millions d'euros pour l'année 2010. Ce montant est depuis actualisé chaque année en tenant compte de la croissance du PIB par habitant. Ce rapport préconise également d'utiliser la valeur de l'année de vie en complément de la VSL lorsque la question de l'âge se pose. Cette autre valeur connue par son acronyme VSLY (*value of a statistical life year*) désigne ainsi la réduction du risque de vivre un an de moins. Elle reflète l'idée intuitive que, la mort ne pouvant être perpétuellement évitée, sauver des vies humaines revient finalement à rallonger la durée de vie des personnes. Son

* Dans l'analyse contingente, on demande à un interviewé la somme d'argent qu'il serait prêt à consacrer pour une réduction de X de son risque de décès. Dans l'analyse conjointe, on demande à l'interviewé son choix entre deux situations qui lui sont proposées et qui diffèrent par le risque qu'il y court et par la somme d'argent qu'il doit payer.

montant a été fixé à 115 000 euros. Si le rapport ne tranche pas entre la VSL et la VSLY, c'est que le choix est des plus délicats. Il est vivement débattu étant donné les conséquences qu'il entraîne et les considérations morales qu'il véhicule. Ce choix a un impact décisif dans un raisonnement coût-bénéfice. Reprenons l'exemple des vagues de chaleur pour l'illustrer à l'aide d'un calcul de coin de table. En 2003, la moyenne d'âge des personnes décédées pendant la canicule était de 81 ans[8]. Posons l'hypothèse qu'une personne de 81 ans aurait vécu une année de plus, une durée qui n'est pas choisie par hasard : l'âge moyen de décès en France est aujourd'hui de 82 ans. Avec la VSLY, le coût de son décès est de 115 000 euros à comparer avec 3 millions avec la VSL, vingt-six fois plus. Autre difficulté, réduire les émissions d'un Français épargne des vies anonymes dans l'ensemble de la planète. Doit-on donner la même valeur au décès d'un Indonésien et d'un Français ? Spontanément, la réponse semble affirmative, sauf que notre souci des autres va d'abord aux membres des communautés dans lesquelles nous vivons. Pour résumer, l'analyse économique ne permet pas d'identifier la « bonne » valeur monétaire du décès anonyme. Ce choix est au final fondé sur des considérations éthiques, reposant en particulier sur le fait de prendre en compte ou non l'âge et le revenu des personnes décédées, considérations qu'il revient à la décision politique de trancher.

Second problème, la nécessité de comparer des coûts et des bénéfices qui apparaissent à différentes dates. Comme nous l'avons souligné plus haut, les bénéfices de l'atténuation se font sentir à plus long terme que ceux de l'adaptation, alors que ceux de l'adaptation sont quasi immédiats. Les économistes disposent d'une arme pour traiter ce problème de décalage temporel : le taux d'actualisation. Il s'agit d'une sorte de taux de change qui convertit des euros d'aujourd'hui en euros de demain. Par exemple, avec un taux de 4 %, 100 euros d'aujourd'hui valent 220 euros dans vingt ans. Inversement, un dommage de 100 euros dans vingt ans est équivalent à un dommage immédiat de 45,60 euros. Cette différence repose sur une caractéristique quasiment universelle de la préférence des êtres humains vis-à-vis du temps : nous préférons tous dépenser 100 euros tout de suite plutôt que 100 euros dans vingt ans. Cette préférence pour la jouissance immédiate explique entre autres l'existence de taux d'intérêt positifs sur les marchés financiers. Nous sommes prêts à payer plus pour acheter une voiture aujourd'hui en empruntant sur dix ans à un taux d'intérêt positif plutôt que d'épargner pour l'acheter dans dix ans, ce qui nous éviterait pourtant de payer des intérêts et nous permettrait même de percevoir une rémunération pour cette épargne.

Pour valoriser des pertes ou des bénéfices jusqu'à un horizon temporel de quelques décennies, le taux d'intérêt de long terme sur les marchés financiers peut être choisi comme taux d'actualisation. À cent ans de distance, l'astuce n'est plus possible car le taux d'actualisation ne reflète plus une préférence pour notre jouissance immédiate – nous serons tous morts dans cent ans –, mais notre préoccupation des générations futures. De très nombreux travaux théoriques et empiriques ont cherché à trouver quel pourrait être le bon taux d'actualisation à de telles échéances.

L'intérêt de ces recherches est de démêler les questions de nature éthique – en l'occurrence, le choix d'un principe d'équité intergénérationnelle – de questions plus techniques ou économiques. Pour illustrer ce point, partons de l'hypothèse d'un taux d'actualisation nul, 1 euro d'aujourd'hui étant équivalent à 1 euro pour la génération suivante. Ce choix consiste donc à traiter également les deux générations. Cette position pose des problèmes d'équité quand on prend en compte un effet richesse. Depuis la révolution industrielle, la croissance économique de long terme rend les générations successives plus riches que celles qui les ont précédées. L'absence d'actualisation conduit à considérer comme neutre le transfert de 1 euro d'une génération à la suivante, alors que cette opération consiste à financer une augmentation de revenu d'une génération plus riche par un prélèvement sur le revenu d'une génération plus pauvre. Et ce d'autant que 1 euro est plus utile à un pauvre qui va le dépenser pour se nourrir qu'à un riche qui l'utilisera pour ses loisirs. Les économistes parlent d'utilité marginale décroissante du revenu. L'ensemble de ce raisonnement identifie deux considérations techniques à intégrer dans le choix éthique du taux d'actualisation : une prévision du taux de croissance de long terme, afin de mesurer les écarts de richesse entre générations, et une estimation de la décroissance marginale de l'utilité, afin de mesurer les variations d'utilité associées aux transferts intergénérationnels.

Troisième problème pour nos calculs coût-bénéfice, l'incertitude sur les impacts climatiques futurs que l'atténuation ou l'adaptation cherche à réduire. Comme nous l'avons signalé plus haut, la climatologie est une science qui progresse rapidement, ce qui signifie concrètement que ce que nous savons aujourd'hui sera révisé demain. Les rapports successifs du GIEC le démontrent. Sur la durée, les estimations des conséquences du changement climatique gagnent en précision. L'incertitude reste toutefois importante, notamment sur la probabilité des scénarios climatiques extrêmes avec une fonte très rapide des glaces du Groenland et de l'Antarctique, ou sur les seuils critiques d'augmentation de température qui déclencheraient des bascules de large échelle et irréversibles du système climatique.

Face à ces incertitudes sur les extrêmes – des catastrophes attendues en cas de très fortes élévations de la température –, les estimations de dommages se calent le plus souvent sur des hypothèses médianes, tant sur les effets des émissions de gaz à effet de serre sur le climat (et *in fine* la température) que sur leurs effets sur l'économie. Les valeurs moyennes sont celles jugées les plus probables, mais il n'est pas possible d'écarter des hypothèses extrêmement défavorables au motif qu'elles sont associées à des probabilités extrêmement petites. Par exemple, la probabilité d'un relargage massif de CO_2 et de méthane consécutif au dégel des terres figées par le froid (permafrost) est vraisemblablement faible, mais dès lors que les dommages seraient considérables, l'hypothèse doit être prise en compte. De même, une sensibilité du climat qui ferait qu'un doublement de la concentration de CO_2 dans l'atmosphère conduise à 6 °C de plus – plutôt qu'à 3 °C de plus, l'effet le plus vraisemblable – ne doit pas être exclue.

Ces situations extrêmes ne sont, par exemple, pas prises en compte dans la quasi-totalité des modèles de prospective construits dans la lignée des travaux de William Nordhaus, prix Nobel d'économie en 2018, pour prédire le niveau des dommages économiques. Cette absence a été fortement critiquée par l'économiste de l'environnement Martin Weitzman, que nous avons déjà rencontré dans le chapitre sur les feux de forêt au sujet de la biodiversité. Partant du constat que « ce ne sont pas les valeurs médianes qui vont nous tuer[9] », il propose d'étudier la course qui se joue en cas de réchauffement prononcé entre la probabilité rapidement décroissante d'atteindre des températures toujours plus élevées et l'augmentation rapide des dommages correspondants. Techniquement parlant, il s'agit d'étudier ce que les statisticiens appellent les « queues épaisses » des distributions de probabilité, à l'image de la queue large et empâtée du pangolin. Coïncidence, cet animal illustre aussi l'existence de ces événements extrêmes, incertains, d'infime probabilité mais aux conséquences considérables, puisque la vente de ce petit animal sur un marché de Wuhan en Chine serait possiblement à l'origine de la pandémie mondiale de covid-19.

Martin Weitzman n'est pas un théoricien de l'effondrement, mais de la décision en incertitude radicale, ce monde de l'ignorance des probabilités précises des événements et des inconnues inconnues. S'interrogeant sur le climat, il a forgé un théorème qu'il a qualifié lui-même de lugubre car sans solution pratique[10]. Il démontre en effet l'impossibilité devant l'incertitude des queues épaisses de recourir au calcul standard de l'espérance mathématique des pertes et des bénéfices, l'approche couramment adoptée par les économistes de l'environnement, en particulier par William Nordhaus dans ses modèles. Sous certaines hypothèses plausibles, il démontre que la décision qu'il conviendrait de prendre face au changement climatique est bornée par un niveau d'effort minimal mais elle ne l'est pas par un niveau maximal, ce dernier tendant mathématiquement vers l'infini. Pour trancher et asseoir un niveau d'effort intermédiaire, aucune analyse coût-bénéfice mathématiquement cohérente n'est donc possible en présence de « queues épaisses ». Citons la conclusion de Martin Weitzman : « Je ne connais pas [les] réponses aux questions légitimes que soulève le théorème [mais] elles ne peuvent pas être passées simplement sous le tapis en soutenant que lorsque les probabilités sont faibles et *imprécises* elles doivent être *précisément* fixées à zéro. »

Inscrire l'évaluation dans la réalité institutionnelle

Face au théorème lugubre de Weitzman, on peut attendre que la science progresse, réduisant l'épaisseur de la queue du pangolin. On peut aussi reprendre la question en y injectant une dose de réalisme institutionnel. L'analyse coût-bénéfice telle que nous avons cherché à la mener s'adresse à un régulateur mondial qui n'existe pas. Notre planète est une mosaïque d'États-nations dans lesquels existent des régulateurs nationaux et infranationaux soucieux en priorité des habitants de leur espace géographique de souveraineté.

Cette architecture pose de manière radicalement différente l'arbitrage entre atténuation et adaptation. Sans coordination internationale, l'atténuation perd l'essentiel de son sens : à l'exception des grandes nations peuplées comme la Chine ou l'Inde (environ 18 % de la population mondiale chacune) ou, dans une moindre mesure, les États-Unis, les incitations des États à réduire les émissions nationales sont très faibles. Avec un centième des habitants de la planète, la France ne perçoit qu'un centième des fruits de ses actions d'atténuation. Le choix du niveau d'atténuation relève d'abord de la coopération entre les États pour lutter ensemble contre le changement climatique, les politiques nationales devenant des contributions à l'objectif mondial. C'est la logique de l'accord de Paris qui a, au moins provisoirement, tranché la question en fixant un objectif de température. Une fois l'objectif mondial défini, la première question est de savoir si les efforts nationaux de réduction des émissions vont permettre d'atteindre l'objectif, une question déjà abordée ci-dessus. La seconde est celle du rapport coût-efficacité des solutions mises en œuvre. Sont-elles les moins coûteuses pour atteindre l'objectif ? Une question complexe et cruciale, mais qui dépasse le périmètre choisi pour cet ouvrage.

L'adaptation génère, elle, des coûts et des bénéfices essentiellement locaux. Elle relève donc des institutions nationales et infranationales. À ce niveau, les choix doivent prendre comme donné l'objectif de réchauffement de l'accord de Paris et les contributions nationales qui en découlent. Pas au pied de la lettre – nous avons discuté plus haut les incertitudes qui entouraient son atteinte – mais comme une donnée d'entrée pour estimer ce qui attend le territoire concerné et ce à quoi il doit donc de se préparer. Le chapitre suivant est précisément consacré à l'analyse des politiques nationales d'adaptation.

Il demeure toutefois une question internationale sur l'adaptation : les considérations d'équité rendent légitimes la contribution des pays historiquement responsables du stock de carbone accumulé dans l'atmosphère à l'adaptation des pays en développement sans responsabilité historique et cumulant un double handicap, leur localisation dans des régions du monde plus exposées aux chocs climatiques et des capacités d'adaptation réduites pour les affronter. Ces questions de compensation et de financement de l'adaptation font partie de la négociation internationale et de l'accord de Paris. Nous les discuterons de manière approfondie dans le chapitre 9 consacré aux inégalités de développement.

Vous avez dit maladaptation ?

Les questions autour de l'adaptation ont longtemps été négligées. Il faut par exemple attendre le passage au nouveau millénaire pour que le GIEC accorde une place significative au sujet. Mais perdure l'idée d'une urgence à réduire les émissions, tandis que les actions d'adaptation peuvent attendre. En 2007, les experts du GIEC écrivent encore que « les changements climatiques sont encore petits, il y a donc un besoin limité d'adaptation, alors qu'il y a un besoin considérable pour l'atténuation ». Ce n'est qu'au milieu des années 2010 que l'adaptation devient pour le GIEC un pilier de l'action climatique au côté, sinon à égalité d'importance, de l'atténuation. Le groupe d'experts suit en cela l'évolution des discussions internationales. L'accord de Paris, fameux pour son objectif d'atténuation, est aussi celui qui reconnaît que l'adaptation est un défi mondial et un élément clé de la riposte au changement climatique. Une réponse à la demande des pays les plus exposés, souvent pauvres et peu émetteurs, qui sont plus concernés par l'augmentation de leur résilience que par la réduction de leurs émissions.

Toutefois, malgré sa reconnaissance au milieu des années 2010 comme second pilier de l'action climatique, la méfiance persiste. Le succès de la notion de maladaptation en est l'un des symptômes. Le GIEC définit le terme comme désignant « les actions pouvant entraîner un risque accru de phénomènes climatiques défavorables, notamment *via* une augmentation des émissions de gaz à effet de serre, une vulnérabilité au changement climatique plus élevée ou déplacée, des conséquences plus inéquitables ou une diminution du bien-être, présent ou futur ». Le terme revient plusieurs dizaines de fois sous la plume des rédacteurs du rapport du GIEC de 2022, alors qu'il apparaissait à peine dans celui de 2014. Il y est accolé cinq fois plus souvent à celui d'adaptation*. Comme l'observe malicieusement Ben Orlove, le codirecteur de la Climate School de l'université Columbia, le terme « malatténuation » n'apparaît jamais dans les rapports du GIEC. Il n'a fait qu'une fugitive apparition dans une version de brouillon du glossaire du GIEC. Une absence révélatrice sachant que de très nombreuses solutions d'atténuation ont également des effets négatifs sur les ressources naturelles, certaines technologies vertes consommant beaucoup plus de ressources minérales fossiles que les technologies traditionnelles, ou sur la biodiversité et l'artificialisation des milieux *via* le déploiement des éoliennes onshore ou offshore ou des fermes solaires. Les solutions d'atténuation ne sont pas non plus immunisées contre les problèmes d'équité : pensons aux difficultés d'accès à l'électromobilité ou à la rénovation énergétique des ménages les plus modestes.

La définition de la maladaptation du GIEC est trop large. De nombreuses activités décrites dans cet ouvrage relèvent de cette catégorie : les climatiseurs, bien sûr, les enneigeurs consommant de l'eau et de l'électricité, l'irrigation agricole qui *de facto* prive d'autres usagers d'une ressource en eau disponible en quantité limitée, la construction de digues utilisant des matériaux qui peuvent avoir une empreinte carbone importante, les usines de désalinisation très gourmandes en énergie. Sans parler des stratégies de l'agriculture intensive de fertilisation chimique ou de protection des plantes par les pesticides de synthèse qui permettent de freiner la baisse des rendements agricoles.

Il n'y a rien de surprenant à cela. Depuis la révolution industrielle, nous développons et mettons en œuvre dans tous les domaines et

---

* 32 occurrences dans l'AR6 contre 5 dans l'AR5. Maladaptation/adaptation = 0,06 dans l'AR6 contre 0,016 dans l'AR5.

tous les secteurs des solutions très efficaces mais très dépendantes des énergies fossiles et des ressources naturelles. On voit mal par quel miracle l'adaptation échapperait à cet héritage. Cela nous amène à un point essentiel : comme d'autres activités, l'adaptation ne doit pas échapper à la régulation de ses émissions et, par extension, de ses impacts environnementaux. Pas de climatiseurs sans électricité décarbonée et sans sobriété de leur usage, pas d'irrigation sans dispositif institutionnel permettant une allocation efficace et équitable de la ressource en eau, pas d'adaptation agricole sans régulation de l'usage des pesticides et des engrais qui peuvent, dans le cas contraire, constituer pour l'agriculteur la solution pour lutter contre l'érosion des rendements. La notion de maladaptation pointe ainsi la complémentarité de l'atténuation et de l'adaptation et la nécessité d'adapter les politiques environnementales à son développement. Nous reviendrons longuement sur ce sujet dans le chapitre suivant.

Trop peu, trop lent

Les efforts d'adaptation sont aujourd'hui jugés insuffisants par les Nations unies. Le titre de son dernier rapport sur l'adaptation, « Trop peu, trop lent », résume bien le diagnostic. Un tel constat n'est pas surprenant pour les pays hors OCDE qui souffrent de ressources financières insuffisantes et de capacités techniques et organisationnelles limitées pour s'ajuster au changement climatique. Il est en revanche paradoxal dans le cas des pays riches qui bénéficient d'incomparablement plus de moyens d'action. Selon une vision simpliste mais assez réaliste de la décision politique, les élus – qu'ils cherchent à le devenir ou à le rester – tendent à privilégier des mesures qui emportent des effets de court terme plutôt que de long terme et qui bénéficient avant tout à leurs électeurs. Ils devraient donc favoriser les mesures d'adaptation aux dépens des mesures d'atténuation.

Comment expliquer alors ce paradoxe ? Par un retard à l'allumage en partie. Les dommages longtemps restés modérés ont pu laisser penser que les actions d'adaptation pouvaient attendre. Peut-être aussi par une vision de certains politiques pouvant craindre que l'affichage d'une priorité pour l'adaptation nuise à l'efficacité du message sur la réduction des émissions. Elle démotiverait les citoyens à accepter des objectifs ambitieux de décarbonation. Elle conduirait à un relâchement de leurs efforts personnels en faveur du climat, à l'image des personnes moins vigilantes pour leur santé ou moins prudentes sur la route car mieux protégées par un contrat d'assurance. Communiquer sur l'adaptation crée en outre le risque d'une levée de boucliers d'opposants prompts à dénoncer le défaitisme et l'immobilisme de l'action climatique.

Autre explication possible, la croyance dans une adaptation qui avancerait seule, sans nécessité de politiques publiques. L'agriculteur face à la sécheresse, l'entrepreneur face à un risque d'inondation de son usine ou le particulier confronté à des vagues de chaleur à répétition ont en effet intérêt à s'adapter. Ils seront les premiers, voire les seuls bénéficiaires des résultats de leur investissement dans un équipement d'irrigation goutte à goutte, dans la surélévation des planchers de l'usine ou la climatisation d'un logement. S'il est vrai qu'une partie de l'adaptation se réalise spontanément, ce n'est pas le cas des mesures qui rendent un service collectif : construction de digues littorales, recherche de variétés agricoles plus résistantes à la sécheresse, végétalisation des villes… Et les actions privées nécessitent des politiques publiques, notamment pour limiter la maladaptation mais aussi pour augmenter la capacité des plus modestes à s'adapter.

Dernière explication possible, la tentation de certains pays riches de minimiser les besoins financiers d'adaptation réclamés par les pays pauvres ou en développement, afin de limiter leur contribution. Le rapport cité des Nations unies estime que les besoins d'adaptation seraient de cinq à dix fois plus élevés que les financements internationaux actuels.

Il n'est plus temps de faire preuve de circonspection à l'encontre de l'adaptation au réchauffement climatique.

CHAPITRE 8

Politique d'adaptation ou adaptation des politiques ?

Le fort potentiel de l'adaptation spontanée des ménages et des entreprises renforce le besoin de politiques publiques efficaces pour l'accompagner.

Une première politique d'adaptation à mener consiste à supprimer les politiques favorisant la maladaptation qui distordent les choix privés d'adaptation en faveur de solutions moins favorables à l'environnement, comme les aides aux bassines et aux enneigeurs ou certains mécanismes d'assurance contre les risques naturels.

Collecter et diffuser de l'information sur les risques et leur réduction est une autre politique prioritaire. La mise en place de réseaux de surveillance et la communication auprès du public offrent des moyens efficaces et peu coûteux pour réduire les dommages aux biens et aux personnes.

Les populations défavorisées ne sont pas toujours les plus exposées mais leurs capacités d'adaptation sont systématiquement plus faibles. Face à l'augmentation des risques, les politiques publiques doivent évoluer vers des interventions plus ciblées, protégeant en priorité les plus vulnérables tout en maintenant un certain niveau de responsabilité individuelle pour ceux disposant des moyens d'affronter les chocs climatiques.

Les formes concrètes de l'adaptation et les acteurs qui la pratiquent peuvent être très divers. Cette diversité n'est pas propre à l'adaptation : réduire les émissions de carbone passe également par des solutions techniques et économiques variées. L'adaptation présente toutefois une spécificité par rapport à l'atténuation : elle est pour une part mise en œuvre spontanément par des acteurs privés, entreprises ou particuliers, sans qu'une intervention publique les y incite ou les y contraigne. Ces derniers peuvent en effet en retirer des bénéfices qui dépassent le coût de leur adaptation. Rien de tel avec la réduction des émissions de carbone, qui génère également des bénéfices, mais qui profitent à tous et non aux seuls acteurs qui les réalisent.

L'existence de cette adaptation spontanée ne disqualifie évidemment pas l'intervention publique. Mais elle élargit le champ des questions à traiter. Prenons l'exemple de l'agriculture. La puissance publique doit-elle laisser l'agriculteur s'adapter sans intervenir ? ou l'encourager à préférer certaines solutions plutôt que d'autres, voire le contraindre ? Au-delà de l'encadrement des stratégies individuelles d'adaptation, ne vaut-il pas mieux opter pour un investissement public dans un réseau collectif d'irrigation ?

Les externalités de l'adaptation spontanée

L'économie du bien-être, la branche de la science économique qui s'intéresse à la définition de l'intérêt général et aux moyens de le respecter, part d'un principe simple pour identifier le périmètre de l'action publique. Formalisé par Pigou dans *The Economics of Welfare* en 1920, ce principe peut être énoncé ainsi : l'adaptation spontanée d'un acteur privé, qu'il s'agisse d'une entreprise, d'un individu ou d'un agriculteur, sera optimale du point de vue de la société prise dans son ensemble s'il supporte la totalité des conséquences de sa décision. L'intervention publique ne sera alors pas nécessaire.

La justification de ce principe est la suivante. Le ménage ou l'entreprise connaissent leurs préférences et sont donc mieux placés qu'une autorité publique pour prendre la meilleure décision. Et ce choix individuel coïncide avec l'intérêt général à partir du moment où ce ménage ou cette entreprise assument l'intégralité des coûts et en retirent l'intégralité des bénéfices qui en découlent. Cette formulation abrupte n'est pas là pour justifier la supériorité de l'adaptation spontanée sur l'intervention publique. La logique pigouvienne est, au contraire, d'identifier les imperfections qui empêchent d'appliquer le principe tel quel et, partant, le périmètre et la forme d'une intervention publique restaurant un fonctionnement de l'économie conforme à l'intérêt général.

La première de ces imperfections est l'existence d'externalités. Pour illustrer le concept, Pigou prend l'exemple des étincelles produites par les locomotives à vapeur. À l'époque – il publie son ouvrage en 1920 –, ces flammèches incendiaient fréquemment les terres agricoles prêtes à être moissonnées situées le long des voies. Les compagnies ferroviaires imposaient ainsi une externalité aux agriculteurs exploitant les terres longeant les voies ferrées. Dans cet exemple, l'externalité est négative puisqu'elle prend la forme d'une perte de récolte. Elle peut être positive dans d'autres contextes, comme nous le verrons plus loin.

En matière d'adaptation spontanée, l'émission de gaz à effet de serre constitue la plus évidente des externalités négatives. Celle produite par l'électricité carbonée alimentant des enneigeurs installés à tour de bras dans les stations de ski des Alpes ou des Rocheuses. Celle que consomment des climatiseurs aux États-Unis, en Chine, au Japon et peut-être demain en Inde, en Indonésie ou au Nigeria. Dans le secteur agricole, la solution la plus immédiate pour contrer la diminution des rendements induite par le changement climatique est d'augmenter la fertilisation azotée, stratégie traditionnelle de l'agriculture pour soutenir les rendements. Or la dégradation des engrais dans les sols relâche du protoxyde d'azote, un gaz dont le pouvoir de réchauffement est près de trois cents fois plus élevé que celui du CO_2. Autre solution pour éviter la réduction de la production agricole, la transformation des espaces naturels, forêts ou prairies naturelles, en terres cultivées dans les régions tropicales et subtropicales détruit elle aussi des puits de carbone et, au passage, la biodiversité qui y est installée.

La politique d'atténuation est donc un complément indispensable pour limiter les externalités négatives de l'adaptation spontanée. Sans quoi se déclencherait le cercle vicieux d'une adaptation toujours plus nécessaire car alimentant le réchauffement. Et nous avons déjà nommé les deux domaines dans lesquels l'adaptation la rend plus cruciale qu'ailleurs : la climatisation active et l'agriculture.

Les « Solutions fondées sur la Nature »

Inversement, les externalités de l'adaptation sont positives, notamment au profit de la biodiversité, quand il s'agit de « Solutions fondées sur la Nature ». Le concept, lancé au cours des années 2000 par l'Union internationale pour la conservation de la nature (UICN), a été introduit dans la négociation internationale lors de la COP de Copenhague en 2009, puis largement repris dans les rapports successifs du GIEC et les plans nationaux d'adaptation.

Le point commun à ces solutions est de s'inspirer du fonctionnement des écosystèmes naturels. Relèvent ainsi de cette catégorie la végétalisation dans les villes, la protection ou la restauration des zones humides afin d'augmenter leur capacité à retenir l'eau en cas d'inondation, l'entretien des infrastructures naturelles comme les dunes littorales limitant les risques de submersion, ou l'adoption de certaines pratiques dites « agroécologiques » : la polyculture, l'agroforesterie, les engrais verts, la culture sans labour, la construction de microbarrages de rétention d'eau, etc.

Parce qu'elles produisent des bénéfices environnementaux pour la collectivité, l'intervention publique a vocation à les favoriser. Et logiquement, ces politiques publiques existent : la politique de réduction de l'artificialisation des espaces agricoles, les parcs naturels, les espèces protégées, la loi littoral… Le changement climatique les rend simplement plus nécessaires.

Prenons toutefois garde à ne pas les considérer comme LA solution dominant toutes les autres. Nous avons évoqué dans le chapitre sur la climatisation les résultats de recherches montrant l'effet modéré de la végétalisation urbaine sur l'effet des canicules. Citons également un article récemment publié par une équipe de l'université du Michigan dans *Nature Cities*. Les chercheurs ont calculé l'empreinte carbone de 73 sites d'agriculture urbaine en Europe et aux États-Unis. Leur résultat est étonnant : l'empreinte carbone moyenne de ces sites est six fois plus élevée que celle de l'agriculture conventionnelle hors agglomération[1]. Il ne s'agit pas avec ces exemples de tomber dans l'excès inverse en disqualifiant ces solutions, mais de rappeler que l'évaluation quantitative de leurs effets est centrale. Et comme le constate le GIEC dans son dernier rapport, beaucoup reste à faire.

Partager la ressource en eau

L'adaptation utilise également de l'eau. La première des préoccupations est ici l'irrigation, qui représente 70 % des prélèvements d'eau douce au niveau mondial. Et dans les régions où ces prélèvements dépassent un niveau qui assure le renouvellement de la ressource, tout utilisateur impose une externalité sous la forme d'une moindre disponibilité de la ressource pour les autres utilisateurs. Un sujet majeur puisque la moitié de l'eau prélevée pour l'irrigation dépasserait déjà le seuil de durabilité. La question n'est pas nouvelle mais le changement climatique va multiplier les conflits d'usage d'une ressource destinée à se raréfier dans certaines zones.

La France fait partie des régions les plus à risque de sécheresses dans les décennies à venir. Et avec 7 % de la surface cultivée aujourd'hui irriguée contre le quart en Espagne, le développement de l'irrigation apparaît comme faisant partie de la solution. À au moins deux conditions. *Primo*, elle doit être durable, c'est-à-dire ne pas prélever des quantités excédant la capacité de renouvellement de la ressource, ou réduisant des usages plus essentiels, l'alimentation en eau potable en premier lieu. Un exercice difficile dans la mesure où la ressource en eau renouvelable a baissé de 14 % entre les périodes 1990-2001 et 2002-2018 selon une étude récente[2]. *Secundo*, l'irrigation ne doit pas conduire à décourager le recours à des solutions d'adaptation à la sécheresse qui pourraient lui être supérieures ou complémentaires.

Examinons l'exemple des mégabassines des Deux-Sèvres pour illustrer ces enjeux. Il a donc été décidé de construire 16 réservoirs de grande taille. Leur capacité est souvent exprimée dans les médias avec une unité de mesure, la piscine olympique. La capacité totale du projet représente 1 573 piscines olympiques. Cette dimension permet le stockage intersaisonnier et donc l'utilisation l'été d'une eau alimentée par les précipitations hivernales.

L'adaptation est ici collective puisque les 16 réservoirs alimenteront plus de 200 exploitations agricoles, et l'une des questions à traiter est son articulation avec des stratégies plus individuelles : la modification des pratiques culturales pour augmenter la capacité des sols à conserver l'eau, la culture d'espèces végétales moins gourmandes en eau, des techniques de micro-irrigation à l'échelle de l'exploitation, etc.

La durabilité des prélèvements des bassines ? La question, technique, ne peut être traitée sérieusement que par des hydrogéologues, par exemple ceux qui travaillent au sein du BRGM, le Bureau de recherches géologiques et minières. Cet organisme public concentrant l'expertise de l'État sur ces sujets a bien produit une étude en la matière et elle a conclu à la durabilité du projet. Mais, trop ancienne, elle n'intègre pas les projections les plus récentes sur le régime hydrologique qui attend les Deux-Sèvres dans les décennies à venir. La réponse à cette première question reste donc, à ce stade, incertaine. C'est là un défi général des politiques d'adaptation : faire les bons choix nécessite une information précise sur les scénarios climatiques dans lesquels les solutions envisagées seront déployées, et ce à une échelle géographique très fine. Nous reviendrons plus loin sur les enjeux informationnels de l'adaptation.

Quid de leur effet d'éviction sur des solutions individuelles d'adaptation aux sécheresses qui pourraient traiter plus efficacement le problème ? Par souci de pédagogie sur les mécanismes en jeu, limitons le raisonnement à un exemple : la substitution du maïs, dont le cycle de croissance intervient principalement en été quand l'eau est rare, par le sorgho, une céréale originaire d'Afrique, botaniquement proche du maïs mais plus sobre en eau.

Le maïs couvre 40 % des surfaces irriguées des Deux-Sèvres. La culture du sorgho n'est que marginale, et ce pour une raison simple : elle est aujourd'hui moins intéressante économiquement pour l'agriculteur. Sans capacités d'irrigation supplémentaires permettant *de facto* l'alimentation en eau du maïs, cet écart de rentabilité serait appelé à se réduire, voire à s'inverser. Les sécheresses de plus en plus fréquentes diminueraient les rendements à l'hectare du maïs, favorisant en relatif l'adaptation spontanée des céréaliculteurs par le sorgho.

Tel n'est donc pas le scénario prévu avec l'installation des bassines. Pour les financer, l'État a même décidé d'accorder une subvention qui couvrira 70 % du montant de l'investissement. Grâce à ce soutien public, l'agriculteur irrigant ne paiera qu'une modeste part du coût économique de l'irrigation. Mesurons bien l'équation économique installée par cette subvention : chacune des 220 exploitations raccordées aux 16 bassines jouira indirectement d'un soutien public de 180 000 euros.

L'État aura ainsi découragé l'adaptation spontanée par le passage à la culture du sorgho. Une intervention publique en contradiction avec le principe pigouvien qui prescrit que l'adaptation spontanée d'un acteur privé est optimale s'il supporte l'ensemble des coûts et des bénéfices induits par sa décision. Le raisonnement vaut pour la substitution par d'autres espèces, les légumineuses par exemple qui ont pour mérite de diminuer l'usage des engrais chimiques, pour l'adoption de pratiques agroécologiques – telle la culture sans labour qui améliore la résilience des sols à la sécheresse –, pour l'adoption de techniques d'irrigation moins gourmandes en eau – par exemple des dispositifs d'irrigation goutte à goutte qui n'apportent que la quantité d'eau strictement nécessaire au pied des plantes par opposition aux systèmes par aspersion. Pourquoi les irrigants investiraient-ils dans des dispositifs coûteux pour économiser une eau rendue bon marché par des subventions ?

Comment alors justifier cette subvention du point de vue de l'intérêt général ? Pour des raisons environnementales ? Il s'agirait alors d'établir que la culture du sorgho ou des légumineuses ou encore l'irrigation goutte à goutte doivent être découragées car plus polluantes que les bassines. Une thèse qui semble difficile à soutenir. Une solidarité vis-à-vis d'acteurs économiques fragilisés par le changement climatique ? Sauf que d'autres outils sont disponibles pour la mettre en œuvre, et ce sans privilégier les 220 exploitants concernés par l'investissement. Rappelons également que ces derniers ne représentent que 5 % des agriculteurs du département. En outre, la répartition des volumes d'irrigation relève de règles définies par l'Établissement public du Marais poitevin (EPMP), qui octroie un quota d'eau basé sur le volume qu'il prélevait lors d'une année de référence (autour des années 1980). Certains agriculteurs, qui n'irriguaient pas à l'époque, se voient privés de la possibilité d'arroser aujourd'hui.

Entendons-nous, le problème ne réside pas dans une solution technique qui relèverait génériquement de la maladaptation – ici l'irrigation de grande échelle –, mais dans une intervention publique qui distord les choix entre adaptation spontanée des agriculteurs et irrigation collective sans que des arguments environnementaux ou d'équité ne puissent la justifier. Une maladaptation de l'intervention publique.

Dans ce cas, le principe d'économie du bien-être préconise l'absence de subventions publiques. Selon ce principe, la répartition optimale entre adaptation spontanée individuelle et investissement dans une infrastructure collective d'irrigation exige de confronter les agriculteurs à la vérité des coûts. En l'absence de subvention équivalente à l'adaptation individuelle, ils doivent payer le coût complet de l'irrigation collective *via* une tarification de l'accès aux bassines couvrant l'intégralité du coût de l'investissement. Il ne s'agit ainsi pas de laisser faire mais d'organiser plus efficacement l'adaptation collective.

L'équité face aux chocs climatiques

L'intervention publique ne vise pas seulement l'efficacité. La vérité des coûts qu'elle nécessite peut même être en contradiction avec un autre objectif, la préservation ou la restauration d'une certaine équité face aux dommages climatiques. Le chapitre suivant évoquera les inégalités entre pays face au changement climatique. Elles existent également entre les individus au sein d'un même pays.

Commençons par le constat. La vulnérabilité d'un individu résulte de la combinaison de deux facteurs : son niveau d'exposition aux risques physiques – la fréquence et la durée des canicules ou des sécheresses, le risque d'inondations, par exemple – et sa capacité d'adaptation à cette exposition. L'exposition aux risques physiques va avant tout dépendre de la localisation géographique. L'individu habite-t-il dans une zone inondable ? une zone subissant régulièrement des vagues de chaleur ou des sécheresses à répétition ? La Banque mondiale a publié en 2017 un travail remarquable qui répond à ces questions pour les pays en développement. En combinant données climatiques et données géolocalisées sur plusieurs centaines de milliers de ménages dans 52 pays, l'équipe a comparé le niveau d'exposition aux sécheresses, aux canicules et aux inondations des plus pauvres à l'exposition moyenne de la population de chacun des pays. Elle n'identifie pas de relations claires entre ces deux dimensions. Les plus pauvres sont plus exposés aux crues dans environ la moitié des pays étudiés mais la relation est non significative ou inverse pour les autres[3]. La relation n'est également pas systématique pour les sécheresses, avec des disparités parfois surprenantes. Les pauvres sont ainsi très nettement plus exposés au Sénégal, mais l'inverse est observé au Niger. Une étude similaire sur les canicules va dans le même sens[4]. Les pauvres y sont plus exposés que leurs concitoyens en Afrique, mais la situation est inverse dans la plupart des pays en développement situés en Asie. Cette vision moyenne masque toutefois des disparités parfois considérables.

Il n'existe pas l'équivalent de l'étude internationale de la Banque mondiale pour l'ensemble des pays industrialisés. Mais les travaux nationaux montrent la même ambiguïté sur le lien entre revenu et exposition aux risques. En France[5], les habitants des zones inondables non littorales sont moins souvent propriétaires, plus souvent au chômage et plus fréquemment étrangers, trois indicateurs d'une vulnérabilité sociale plus élevée. Mais les résidents des zones littorales menacées par les submersions sont à l'inverse plus aisés. Par ailleurs, l'Insee nous apprend qu'un habitant sur sept vit dans un territoire exposé à plus de vingt jours de canicule dans les décennies à venir. Mais la proportion de ménages modestes y est inférieure à la moyenne nationale[6]. Dans les États américains du golfe du Mexique, les populations les plus exposées aux risques sont plus riches que la moyenne[7], sauf en Louisiane. À la différence des États voisins, la côte de Louisiane presque exclusivement marécageuse y est moins attractive que celle de Floride ou du Texas.

L'essentiel n'est pas l'exposition aux risques physiques mais les dommages qu'ils provoquent. Et ceux-ci résultent de la combinaison de l'exposition avec les capacités d'adaptation. Et les résultats sont cette fois très clairs pour les pays en développement. Toujours d'après la Banque mondiale, les 40 % les plus pauvres perdront en moyenne à l'horizon 2030 70 % de revenu en plus que la moyenne de la population du pays sous l'effet du changement climatique. Il en va de même si l'on considère un autre indicateur, la mortalité.

En France, la canicule de 2003 a d'abord augmenté la mortalité des personnes âgées. Nous savons moins qu'elle a également majoritairement frappé les plus modestes. À Paris, il en va ainsi des occupants des chambres de bonnes. « Habiter sous les toits multipliait le risque de mortalité par quatre », expliquent Tarik Benmarhnia et Pascal Beaudeau, chercheurs à l'université de Californie et à Santé publique France et auteurs d'une étude sur le sujet[8]. Autre constat, la majorité de la surmortalité est survenue dans certains quartiers de l'est de Paris, plus défavorisés que ceux de l'ouest de la capitale, et a touché une proportion plus importante que la moyenne de personnes de nationalité étrangère (indiquant un possible manque d'accès aux soins et souvent l'appartenance à une catégorie sociale défavorisée). De même, plus de la moitié des 1 800 morts en Louisiane à la suite du passage de l'ouragan Katrina étaient afro-américains, alors qu'ils ne représentaient que le tiers de la population de l'État. Pourquoi ? Non pas à cause d'une plus grande exposition à l'inondation, une étude fine des hauteurs d'eau observées pendant l'épisode à La Nouvelle-Orléans montre que leurs logements n'ont pas été plus touchés que les autres. Mais ils ont été plus nombreux à rester chez eux pendant l'inondation faute de moyens, alors que les ménages aisés migraient en voiture vers les motels de l'arrière-pays[9]. Une capacité d'adaptation plus faible, donc.

Réparer équitablement les dommages

Le changement climatique multiplie des événements climatiques extrêmes. Et l'extrême signifie concrètement pour un ménage ou une entreprise un niveau de dommages pouvant dépasser sa capacité financière à réparer ou remplacer les biens endommagés ou détruits. Un problème particulièrement aigu pour les ménages modestes.

Financer la réparation est le rôle traditionnel de l'assureur. En échange d'une prime versée régulièrement, il garantit une indemnisation financière du niveau du coût de la réparation du dommage ou de remplacement du bien, diminuée d'une franchise. Les mécanismes d'assurance contre les catastrophes naturelles sont ainsi au cœur de l'adaptation aux inondations, submersions, tempêtes…

Dans de nombreux pays, l'assurance contre les catastrophes naturelles relève d'une logique strictement marchande. De nombreuses compagnies d'assurances en concurrence proposent des contrats à des clients libres de choisir parmi les offres disponibles celui qui leur convient le plus, voire de ne pas s'assurer du tout. Dans cette logique de marché, le prix du contrat, la prime plus concrètement, va refléter le coût du contrat pour la compagnie d'assurances. Or ce coût correspond pour l'essentiel à une probabilité d'indemnisation des dommages et son montant. Pour une assurance habitation, la prime sera alors plus élevée si le logement est implanté dans une zone inondable, par exemple. Ou alors les conditions d'indemnisation seront moins favorables. Le marché défavorise ainsi les clients ayant une probabilité plus élevée de subir un événement extrême par rapport aux moins exposés.

Cette logique de contrats prenant en compte le niveau de risque de l'assuré menace les principes d'équité face au changement climatique puisqu'elle ne vient pas corriger les inégalités dans l'exposition au risque physique. Elle ne vient pas plus compenser les capacités d'adaptation plus réduites des plus modestes. Elle exacerbera même le problème si, faute de moyens, ces derniers ne s'assurent pas. Ils subiront alors de plein fouet les chocs climatiques.

Corriger ces inégalités est au cœur de l'intervention publique en faveur de l'assurance contre les risques naturels. Subventionner la réparation des dommages est l'instrument le plus logique pour ce faire. En France, elle prend la forme du dispositif d'indemnisation des catastrophes naturelles dit « Cat-Nat » qui indemnise les dommages des inondations, des tempêtes et du « retrait-gonflement des argiles » fissurant les bâtiments. Ce dernier phénomène, provoqué par l'alternance d'épisodes de pluies et de sécheresse, moins connu que d'autres impacts, concerne potentiellement 10 millions de maisons, une paille !

Le principe du dispositif est simple. Chaque assuré verse une contribution obligatoire sous la forme d'un certain pourcentage de sa prime d'assurance auto et habitation qui vient ensuite indemniser les victimes d'une catastrophe naturelle, sous réserve que l'État déclare par décret l'« état de catastrophe naturelle ». Le régime repose sur un principe de solidarité puisque le montant de la contribution de chacun ne dépend pas du degré d'exposition au risque des assurés. Est ainsi organisé un transfert financier des moins exposés aux extrêmes climatiques – et donc peu susceptibles d'être un jour indemnisés – au profit des plus exposés. Le régime va jusqu'à restaurer une égalité quasi parfaite entre assurés puisque les indemnisations financent l'intégralité du dommage minoré d'une franchise minime. Le volume de transfert est loin d'être anecdotique puisque la surprime obligatoire payée par l'ensemble des assurés a généré 63 milliards d'euros en 2021. Un prélèvement qui a vocation à augmenter : les catastrophes naturelles se multipliant, le régime accumule les déficits depuis 2016.

Le dispositif Cat-Nat repose sur un principe d'équité horizontale, pour reprendre la terminologie de l'économiste Richard Musgrave. Un principe classique de l'action publique qui prévaut, par exemple, dans le domaine de la santé. La Sécurité sociale assure l'égalité de traitement médical des individus. Un concept que Musgrave distingue de l'équité verticale, qui différencie le soutien public en favorisant les ménages aux revenus modestes.

Faute de ciblage social, la collectivité finance les réparations de ménages aisés qui auraient pu en payer une partie. Aux États-Unis, le National Flood Insurance Program, le programme national d'assurance inondations, propose des contrats d'assurance « inondations » à prix réduit dans les zones géographiques définies par les autorités publiques comme à risque, dans une logique d'équité horizontale. Là aussi, une égalité de traitement sans prise en compte de la vulnérabilité sociale. Une approche choquante quand les plus riches sont plus exposés, à l'image des habitants du littoral du Texas ou de la Floride venus chercher les plaisirs des bords de mer, alors que la plus grande part du coût climatique y est financée par la collectivité[10]. D'autant que, indépendamment de leur localisation et de leur exposition, ils subissent des dommages plus élevés car leurs biens sont de plus grande valeur (de grandes maisons, des voitures haut de gamme).

Inciter à la prévention des risques naturels

Autre élément du débat sur les politiques assurantielles, l'effet de l'équité horizontale sur la prévention des risques. Une prime d'assurance non modulée en fonction du niveau de risque de l'assuré et une indemnisation quasiment intégrale des dommages diminuent mécaniquement les incitations individuelles à l'effort de prévention.

Prenons l'exemple des risques d'inondation : le sujet est crucial car l'adaptation individuelle peut être très efficace, y compris pour les bâtiments existants. Un retour d'expérience[11] sur l'inondation catastrophique de l'Elbe en 2002 en Allemagne a ainsi montré que la seule présence d'aménagements intérieurs adaptés – un mobilier de petite taille et des décorations intérieures mobiles, des sols carrelés ou le positionnement des équipements électriques en hauteur – avait permis de réduire de moitié les dommages. Plus cher, mais très efficace, la surélévation des maisons ou l'aménagement des combles pour y créer des refuges peuvent sauver des vies. Au passage de la tempête Xynthia, la quasi-totalité des 29 morts de La Faute-sur-Mer sont restés piégés dans des maisons de plain-pied.

Mais la prévention se joue aussi, et surtout, lors des choix de localisation, comme l'illustre là encore La Faute-sur-Mer. Xynthia y a principalement ravagé des lotissements récemment construits en bord de mer. Aux États-Unis, le Texas, la Floride ou l'Arizona, États les plus exposés aux ouragans et aux canicules, se développent plus rapidement que le reste du pays. La population quitte ainsi les États du Nord et du Midwest où le changement climatique va justement diminuer la fréquence et l'intensité des événements climatiques qui y sont les plus dangereux, les tempêtes de neige et les vagues de froid. Même tendance en France. Les recensements de l'Insee confirment année après année la migration de la population intérieure des régions du Nord-Est, du Centre et du Massif central au profit des côtes, en particulier de la région Nouvelle-Aquitaine où le littoral est particulièrement concerné par le risque de submersions. Il offre en effet des aménités renforçant son attractivité touristique et résidentielle. Celles qui nous conduisent à rechercher pour nos vacances la proximité la plus immédiate du bord de la mer, à y acheter une résidence secondaire ou à nous y installer pour la retraite. La politique publique qui fait payer les conséquences du risque à l'ensemble de la collectivité renforce alors cette préférence individuelle pour le littoral. Elle influence les décisions d'aménagement et d'urbanisation d'élus locaux motivés par la croissance démographique de leur territoire. Jusqu'à l'illégalité : la municipalité de La Faute-sur-Mer avait délivré les permis de construire malgré la localisation du lotissement en zone inondable. Une décision au cœur du procès ayant conduit à la condamnation du maire à deux ans de prison avec sursis.

Concilier prévention et équité est ainsi difficile. Responsabiliser les ménages ou entreprises exposés aux événements extrêmes en modulant le montant des primes par le degré d'exposition au risque ou diminuer le montant des indemnisations entrent directement en contradiction avec l'équité horizontale face aux risques physiques. De ce point de vue, une solution peut être de centrer la solidarité sur les victimes les plus modestes. Plus d'équité verticale au détriment de l'équité horizontale.

Ce problème d'une protection collective décourageant la prévention ne se limite pas à l'assurance collective contre les risques naturels. Une équipe de chercheurs américains s'est par exemple récemment penchée sur l'effet de la lutte contre les incendies de forêts dans l'Ouest américain[12]. Leur idée ? Mesurer l'effet de cette protection financée par le contribuable sur le prix des maisons situées en lisière de forêt de l'Ouest américain et sur le rythme de l'urbanisation dans ces zones, un sujet d'importance puisque presque 50 millions de maisons sont aujourd'hui localisées sur cette lisière aux États-Unis, un nombre qui augmente de 1 million tous les trois ans.

Sur la période considérée par l'étude (1985-2017), l'État fédéral y aurait dépensé 43 milliards de dollars, un montant du même ordre que les 51 milliards de dommages aux biens provoqués par ces incendies. Cette dépense de protection correspond de fait à une subvention implicite par la collectivité de biens privés et l'une de ces conséquences est, au moins en théorie, un prix des biens ainsi protégés plus faible que celui qui serait observé si les propriétaires finançaient eux-mêmes ces dépenses. Sur un marché immobilier, le prix d'une maison ne reflète en effet pas seulement ses caractéristiques intrinsèques – sa surface, la qualité de sa construction, son exposition –, mais également les avantages et les inconvénients de sa localisation géographique. Les chercheurs ont pu estimer précisément que ces dépenses de protection des bâtiments représentaient 20 % de la valeur de la propriété pour les bâtiments implantés dans les zones les plus risquées et les moins denses.

Ce « rabais » sur les prix de l'immobilier incite alors à la construction de nouvelles maisons à la lisière des forêts, et donc à l'installation de ménages ou d'entreprises qui, ce faisant, s'exposent au risque d'incendie. D'après les auteurs, le nombre de nouvelles constructions aurait diminué jusqu'à 27 % dans les zones les plus à risque sans la fourniture gratuite de cette protection. Sur l'ensemble de l'Ouest américain, 84 000 maisons n'auraient ainsi pas été construites dans ces zones. Des maisons pour lesquelles les bénéfices pour les occupants de leur implantation en lisière de forêt excèdent le coût de leur protection. Leur proposition pour contrer cet effet pervers ? Non pas la réduction du niveau de la protection collective, mais l'instauration d'une taxe « protection incendie » modulée en fonction du niveau de risque pour que les exposés contribuent plus fortement à leur protection.

Se préparer au probable plutôt qu'au promis

Prendre une décision rationnelle d'adaptation, qu'elle soit individuelle ou collective, nécessite l'information la plus complète possible sur ses conséquences. Pour les individus et, dans une moindre mesure, les entreprises ou les autorités publiques, le plus difficile est de connaître les risques climatiques à même de les affecter.

Le rôle de l'État est ici essentiel. Construire des scénarios d'évolution du climat à différentes échelles géographiques et pour différents aléas repose d'abord sur de l'expertise scientifique, la climatologie bien sûr, mais aussi l'hydrogéologie pour comprendre l'évolution du cycle de l'eau à l'origine de sécheresses et d'inondations, de la géologie, etc. L'État est l'acteur le mieux placé pour y avoir accès à travers les administrations et les établissements publics techniques – en France, l'Ademe ou les Agences de l'eau par exemple – ou les organismes de recherche, les universités qui disposent des résultats scientifiques les plus à jour.

À quoi donc doit-on se préparer en France ? Pour répondre à cette question, l'État s'est doté d'une « trajectoire de réchauffement de référence pour l'adaptation au changement climatique » ou TRACC pour les initiés. Concrètement, la TRACC décrit un scénario d'évolution de la température moyenne de la France métropolitaine qui aboutit à une augmentation de 4 °C à l'horizon 2100 en France métropolitaine par rapport aux niveaux préindustriels. Pour le traduire plus concrètement avec quelques exemples, Lille évoluerait alors dans le climat actuel de Montpellier, les sécheresses d'une intensité observée aujourd'hui une fois par décennie deviendraient cinq fois plus fréquentes et la température la plus chaude de la décennie augmenterait de 5 °C. La construction et la diffusion de cette TRACC nous éloignent de *Don't Look Up*, le film dans lequel les dirigeants tournent en dérision les prévisions scientifiques annonçant l'arrivée d'une comète détruisant la Terre.

Plus 4 °C en France métropolitaine correspond à un réchauffement moyen de la planète d'environ 3 °C – rappelons que la moyenne mondiale est calculée sur l'ensemble de la surface du globe, y compris les zones océaniques qui demeureront plus fraîches que les terres émergées. La TRACC double donc le niveau de réchauffement de 1,5 °C visé par l'accord de Paris. Il y a là matière à controverse, d'aucuns y voyant une forme de renoncement à l'atteinte des objectifs de cet accord.

Ces deux références ont pourtant des fonctions totalement différentes. Le chiffre de 1,5 °C sert à déterminer les contributions nationales à l'atteinte de l'objectif mondial d'atténuation des 196 pays signataires de l'accord. Les 4 °C sont une référence française utilisable pour calibrer les stratégies d'adaptation du pays. Il est de fait naturel que le second chiffre soit supérieur au premier. Le choix du + 4 °C part du constat d'un décalage entre l'objectif de 1,5 °C et les contributions annoncées par les pays. Nous avons déjà largement discuté les incertitudes qui entourent ces promesses. Un exercice d'évaluation de leur crédibilité évoqué dans le précédent chapitre prédit une augmentation de 2,4 °C en ne retenant que le « raisonnablement crédible », et donc 3,4 °C pour la France. Par ailleurs, la relation entre le niveau des émissions et son impact sur le réchauffement reste scientifiquement incertaine. Compte tenu de ces incertitudes climatiques et politiques, la référence aux 4 °C paraît raisonnable. Peut-on imaginer que, sur la base d'une TRACC calibrée au niveau de l'objectif de température de l'accord de Paris, une collectivité locale choisisse une hauteur de 5 mètres pour la digue qu'elle prévoit de construire, un niveau qui laisserait passer une inondation catastrophique si la Chine, l'Inde ou d'autres ne respectent pas leurs engagements ? Si l'audace s'impose pour l'atténuation, la prudence doit prévaloir en matière d'adaptation.

Diffuser de l'information jusqu'aux acteurs privés

Cette TRACC n'offre pas l'information directement opérationnelle pour les décideurs. Elle fournit uniquement un cadre très général pour produire les prévisions et cartographies dont ils ont besoin. Notamment pour les collectivités locales, qui constituent un maillon essentiel de l'action dans ce domaine, compte tenu de leurs responsabilités en matière d'urbanisme, de construction et de gestion d'infrastructures locales, etc. Et, au bout de la chaîne, pour les acteurs privés, dont relève une grande partie de l'adaptation.

Fournir de l'information aux particuliers et aux entreprises est l'un des objectifs de l'action publique et ces politiques informationnelles peuvent avoir des effets massifs. Dans la foulée de la canicule de 2003, la France s'est ainsi dotée d'un Plan national Canicule qui entre en jeu chaque été. Il prévoit des actions de prévention et de gestion à mener en fonction des conditions météorologiques. La diffusion d'information constitue la brique de base du dispositif. Elle passe par l'organisation d'un réseau de surveillance pour anticiper et suivre les vagues de chaleur, la communication d'alertes et de messages de vigilance par Météo-France, des affichages dans les rues ou *via* la communication interne des entreprises et des administrations à destination des salariés, ainsi que la diffusion de recommandations de comportements à adopter par la population en général et les personnes particulièrement vulnérables en particulier.

Une étude a cherché à mesurer comment le niveau de mortalité induite par les vagues de chaleur avait évolué depuis la canicule de 2003[13]. Pour cela, pas moins de douze chercheurs, des épidémiologistes mais aussi des météorologues, ont construit un modèle prédictif des décès sous l'effet des canicules calé sur les fluctuations de température et de mortalité observées de 1975 à 2003. La période précédant donc immédiatement la canicule de 2003 et la mise en place du Plan Canicule qui a suivi. Ils l'ont ensuite utilisé pour prédire ce qu'aurait été le nombre de victimes lors de la canicule de juillet 2006 si la relation entre mortalité et température était restée identique à celle qui prévalait avant 2003. Compte tenu des caractéristiques de cette canicule, elle aurait dû provoquer 6 500 décès. Or 2 100 décès « seulement » ont été observés. Une baisse de 68 % !

Il est évidemment téméraire, sinon hasardeux, d'interpréter ce pourcentage comme attribuable au seul système public d'information, ou même plus largement au Plan Canicule. Ce que les douze auteurs de l'étude ne font d'ailleurs pas, soulignant simplement que d'autres facteurs se mêlent inextricablement aux actions publiques menées. La vague de chaleur de 2003 a vraisemblablement accéléré la prise de conscience des Français sur les risques de canicule et a sûrement conduit au moins une partie d'entre eux à être plus vigilants, à modifier leurs comportements, et même à s'équiper de ventilateurs et de climatiseurs. Mais ces réponses ont une origine informationnelle : le choc de 2003 a déclenché, outre le Plan Canicule, un apprentissage par l'expérience des populations et des professionnels du caractère catastrophique des chaleurs extrêmes.

La méthode dite des « prix hédoniques » a également été utilisée pour mesurer l'effet de l'information sur l'exposition des bâtiments aux risques d'inondation. Nous avons eu l'occasion de rencontrer des résultats issus de cette approche dans le premier chapitre. Appliquée aux risques d'inondation, elle consiste à isoler dans les fluctuations des prix de l'immobilier l'effet de nouvelles informations sur le niveau de risque, l'hypothèse étant que ces dernières vont modifier l'opinion des acheteurs et des vendeurs sur le niveau du risque et, donc, les termes de la négociation commerciale et le prix qui en résulte. L'objectif d'une politique informationnelle vise précisément à rapprocher cette opinion, qui reste subjective – les particuliers et les entreprises engagés dans les transactions immobilières ne sont pas des experts en hydrologie –, du niveau objectif.

Aux États-Unis, l'administration fédérale identifie des *special flood hazard areas* (SFHA), définies comme des zones dans lesquelles la probabilité d'inondation des bâtiments est supérieure à 1 % par an. Le rôle de cette cartographie est de fournir de l'information aux décideurs publics et privés sur les risques. Elle sert souvent de base à d'autres réglementations en matière d'utilisation du foncier. En particulier, il y est obligatoire d'avoir une assurance inondation subventionnée par le National Flood Insurance Program cité plus haut. Au-delà, elles informent les populations sur le risque encouru.

Deux chercheurs de Stanford ont ainsi analysé 6 millions de transactions immobilières réalisées dans ou hors des SFHA[14]. Dans la pratique, le périmètre des SFHA est régulièrement révisé pour prendre en compte le développement urbain et la disponibilité de nouvelles informations, notamment hydrologiques. Les chercheurs ont ainsi pu comparer l'évolution du prix d'une maison après son inclusion, ou son exclusion, d'une SFHA. L'avantage essentiel de la méthode est que ces rezonages ne modifient pas le « vrai » risque d'inondation, mais sa perception par les acteurs, le facteur qui détermine leurs actions et leurs décisions d'adaptation.

À niveau de risque d'inondation inchangé, leur résultat principal est une diminution du prix de l'immobilier de 2 % lors du passage d'un bien en zone SFHA. Ils ont ensuite pu montrer que pousser un cran plus loin la fourniture d'information conduisait à une diminution de 4 % dans les États où le passage en SFHA est combiné avec des obligations très strictes de communication aux vendeurs des risques – la localisation du bien dans une zone inondable bien sûr, mais aussi l'historique précis des dommages inondations et les caractéristiques de l'assurance inondation prises par le vendeur. Pour juger de l'ampleur de ces effets, ils les ont ensuite comparés à une référence théorique : la diminution de prix qui serait observée si le jugement des acheteurs et vendeurs rejoignait la véritable évaluation du risque physique. Elle serait de 5 à 10 %. Dernière indication de l'impact puissant de l'information, le rabais est même de 7 % quand l'acheteur est une entreprise, un acheteur *a priori* plus sophistiqué que le particulier. La diffusion d'information sur les risques arrive ainsi quasiment à créer les conditions de décisions d'adaptation individuelles optimales du point de vue de l'intérêt général.

Les politiques d'information présentent un avantage supplémentaire : elles sont peu coûteuses quand on les compare avec des actions nécessitant des investissements matériels. Ainsi, le budget annuel moyen consacré par l'État fédéral américain au zonage SFHA et à la dissémination de l'information qui lui est associée est de 100 millions de dollars, soit 0,2 % de la valeur des maisons localisées dans les zones inondables. Autre illustration, des chercheurs espagnols ont évalué à une dizaine de milliers d'euros par journée de canicule les dépenses de Madrid de collecte, traitement et diffusion de l'information sanitaire sur l'effet des chaleurs extrêmes. Le bénéfice calculé en termes de nombre de décès évités dans la capitale espagnole est estimé de cent à mille fois supérieur à ce coût.

À travers cette discussion des questions soulevées par l'intervention publique dans différents domaines, il apparaît que l'enjeu général est moins de mettre en place une politique d'adaptation que d'adapter des politiques existantes à la nouvelle donne climatique. Le point de départ de la réflexion est l'existence quasi systématique de solutions d'adaptation spontanée à disposition des particuliers ou des entreprises pour prévenir ou réparer les dommages.

Le plus évident des enjeux est de contrôler les externalités négatives de certaines solutions individuelles : limiter les émissions de gaz à effet de serre par les climatiseurs ou celles liées à l'utilisation des engrais chimiques pour contrer la diminution des rendements agricoles, l'utilisation intensive de pesticides pour lutter contre les ravageurs rendus plus agressifs dans le nouveau climat ou la surexploitation de la ressource locale en eau. Ou, à l'inverse, favoriser les solutions générant des externalités positives à l'instar des « Solutions fondées sur la Nature ». Ces objectifs sont autant de sujets traditionnels des politiques environnementales et de lutte contre l'effet de serre. L'adaptation les rend plus indispensables.

L'organisation et le financement de solutions de protection collective – des digues, des ouvrages d'irrigation de grande échelle, mais aussi la lutte contre les incendies ou des mécanismes assurantiels permettant la réparation des dommages en cas d'événements climatiques extrêmes – sont une seconde fonction de l'action publique. Si elle peut être moins coûteuse, en exploitant notamment des économies d'échelle, cette protection collective décourage mécaniquement les efforts individuels de prévention des risques. Un agriculteur disposant d'un accès à une bassine subventionnée par la collectivité sera moins incité à économiser l'eau pendant les sécheresses ; un ménage ou une entreprise localisés dans une zone inondable investiront moins dans des barrières anti-inondations, des batardeaux disent les spécialistes, et l'on peut ainsi multiplier les exemples.

L'intervention publique repose alors sur un compromis entre l'incitation individuelle et les économies d'échelle des solutions collectives. À cela s'ajoute un ingrédient supplémentaire : l'équité face au changement climatique. Le climat est en effet porteur d'inégalités dans la mesure où les individus sont confrontés à des niveaux de risques qui diffèrent selon leur localisation et ils n'ont pas les mêmes capacités pour les limiter.

Historiquement, la protection collective a été principalement construite autour d'un principe d'équité horizontale. À l'instar de la santé publique, il s'agit d'assurer l'égalité de traitement des victimes du changement climatique quels que soient, notamment, leur situation sociale ou leur niveau d'exposition aux risques, même si ce niveau résulte de décisions passées, l'installation dans une zone particulièrement exposée par exemple. Il en va ainsi de la mutualisation des risques d'inondation ou de tempête qui voit la collectivité indemniser les résidents des zones inondables ou des régions littorales. Cette solidarité devient choquante quand elle profite aux plus riches, ceux, par exemple, qui ont eu les moyens de s'offrir une résidence sur le littoral et dont la valeur des biens potentiellement endommagés et indemnisés en cas d'événements extrêmes est plus élevée. L'un des enjeux de l'adaptation de ces politiques publiques à l'augmentation du risque climatique est de déplacer le curseur vers plus de responsabilité individuelle pour ceux disposant de capacités d'adaptation plus importantes, en priorisant la protection collective des individus que leur situation sociale rend plus vulnérables. Une évolution vers l'équité verticale qui augmenterait à la fois les incitations à la prévention et la justice sociale.

Dernier ingrédient pour une adaptation réussie, la mise à disposition d'information sur le risque climatique pour les décideurs – particuliers, entreprises, administrations, collectivités. C'est un puissant levier comme le montre par exemple la diminution de la mortalité postérieure à la canicule de 2003 qui a conduit tous les acteurs à toucher du doigt la réalité d'un régime climatique qui ne sera pas la continuation du passé.

CHAPITRE 9

Réchauffement, adaptation et inégalités de développement

Bien que ses retombées soient locales, l'adaptation est aussi une question internationale.

Le dérèglement climatique creuse les inégalités entre les pays les plus riches et les plus pauvres qui cumulent une croissance démographique forte, une exposition excessive aux événements extrêmes et à la chaleur ainsi qu'une capacité financière limitée pour en réduire les impacts.

L'aide internationale pour favoriser l'adaptation des pays les plus pauvres est considérablement insuffisante tant par rapport aux besoins qu'en tenant compte de leur contribution relative au réchauffement.

La justice climatique n'oppose qu'en apparence un Occident industrialisé et un Sud global sans responsabilité. Les pays de l'OCDE ne sont aujourd'hui la source que de la moitié de la quantité de gaz à effet de serre émise depuis la révolution industrielle. Il est maintenant légitime que des pays comme la Chine ou certains États pétroliers participent au financement international de l'adaptation.

La migration climatique concerne avant tout des déplacements internes de population au sein des pays. Une migration internationale massive vers les pays de l'OCDE sous l'effet des chocs climatiques est très improbable.

Montesquieu et Voltaire, pourtant tous deux grands voyageurs, ne se sont jamais rencontrés. Ils ne s'empoignèrent qu'à distance. Dans *De l'esprit des lois* (1748), l'ascendant du climat sur le caractère des hommes « est le premier de tous les empires ». Pour Montesquieu, le climat conditionne les comportements humains. Il y voit le secret du rayonnement des régions tempérées. Dans l'*Essai sur les mœurs et l'esprit des nations* (1756), en revanche, le climat exerce une influence sur les sociétés mais « le gouvernement cent fois plus ». Voltaire réfute férocement son aîné, citant au passage la puissance de l'Égypte ancienne.

Les deux thèses sont utiles à la réflexion. Prêter attention à Montesquieu conduit à examiner comment le changement climatique peut creuser les inégalités de développement entre des pays évoluant dans des climats différents. Suivre Voltaire permet d'aller plus loin en s'interrogeant sur les politiques et les actions des institutions internationales en faveur de l'adaptation à même de contrer l'effet du climat sur ces inégalités. Bien que ses impacts soient locaux, l'adaptation est ainsi aussi une affaire mondiale.

Une diplomatie indispensable car, spontanément, c'est la richesse qui guide l'adaptation et non les besoins. Une adaptation plus aisée pour les pays développés moins exposés que pour les pays pauvres pourtant plus vulnérables. Selon l'ONU, les aides internationales à l'adaptation dans les pays en développement ne représentent que le dixième des sommes nécessaires…

Température et développement économique

Comment expliquer les écarts de prospérité dans le monde ? Faut-il les attribuer à la géographie, à travers les différences des pays en termes de ressources naturelles, de vecteurs de maladies, de conditions climatiques ou encore de facilités de transport ? ou aux institutions, à travers le respect des droits de propriété, l'autorité du droit, la délivrance d'incitations et d'opportunités à investir ? Pour expliquer le PIB par habitant, prenons par exemple, d'un côté, la distance à l'Équateur pour incarner la géographie et, d'un autre, l'indicateur composite de la gouvernance élaboré par la Banque mondiale, qui reflète la qualité des institutions nationales. La gouvernance semble l'emporter haut la main d'après Dani Rodrik de Harvard et ses collègues[1]. Voltaire aurait alors raison.

Mais le problème ne se résume pas à cette alternative binaire car la géographie influence la qualité des institutions. En l'occurrence, il est établi que les chocs climatiques augmentent le nombre et l'intensité des conflits[2] ou l'instabilité politique[3]. Une récente étude nous apprend par exemple que l'élévation de 1 °C augmenterait de près de 5 % la probabilité d'un coup d'État[4]. Comme cette instabilité décourage les investissements, et donc la croissance de long terme, la température présente à la fois un effet direct et un effet indirect médié par les institutions.

La grande différence entre ces effets directs et les effets indirects est leur horizon temporel. L'effet direct se manifeste immédiatement puisqu'il passe concrètement par une diminution de la productivité du travail, la diminution des rendements agricoles ou d'autres activités dépendantes de la météorologie, ou l'altération voire la destruction d'infrastructures nécessaires à la production. L'effet indirect est plus graduel car il procède en deux étapes : la réponse des institutions à un choc climatique, puis la manifestation économique des évolutions institutionnelles.

La recherche en économie sur les effets de court terme est maintenant fournie, et l'étude de référence[5] a été publiée dans *Nature* en 2015. Son principe repose sur une comparaison de l'évolution de la production et de la température annuelles d'une année sur l'autre dans un même pays, en utilisant des données économiques et climatiques de 1960 à 2010 sur 166 pays. Toutes choses égales par ailleurs, en particulier la qualité des institutions du pays, les auteurs identifient alors une relation « en cloche » avec un PIB par habitant qui augmente avec la température jusqu'à atteindre 13 °C pour redescendre ensuite. Ils montrent également que le PIB par habitant diminue de plus en plus rapidement au-delà de cette température optimale. En d'autres termes, 1 °C en plus en Inde où la température annuelle moyenne est de 27 °C fait plus de dégâts qu'en France où la température moyenne est d'environ 14 °C.

Cette différence s'explique notamment par le secteur agricole, qui représente dans les pays chauds – par ailleurs plus pauvres – une plus grande part de l'activité économique. Et une augmentation de la température au-delà d'une vingtaine de degrés Celsius dégrade très vite la productivité du secteur.

Extrapoler ces effets de court terme au long terme est très délicat car il devient nécessaire d'estimer deux dimensions : le niveau des effets indirects et le temps qu'ils prennent à se manifester. Autre complexité, leur signe est incertain. Ils peuvent renforcer l'effet total quand les chocs climatiques dégradent durablement des infrastructures de production ou le rythme des apprentissages en particulier scolaires, quand ils dégradent durablement les sols ou épuisent des nappes phréatiques ou encore quand ils déstabilisent les institutions. Ils peuvent au contraire les atténuer, en accélérant l'adaptation ou en suscitant des chocs de relance de type keynésien liés à la réparation de dommages climatiques. Par exemple, les années qui suivent la destruction par un ouragan voient généralement un rebond de croissance induit par la reconstruction d'infrastructures ou de bâtiments.

Plusieurs méthodes économétriques permettent de traiter le problème. La plus évidente consiste à ne pas estimer seulement l'effet d'un choc climatique sur l'activité économique l'année durant laquelle il est observé mais également sur les années suivantes. Autre approche, ne pas exploiter les variations météorologiques interannuelles mais des variations de plus long terme, sur une décennie par exemple : l'hypothèse est ici est qu'un intervalle de dix ans laisse suffisamment de temps pour que les effets indirects se manifestent. Ou mesurer l'effet des chocs sur la croissance économique et non sur le niveau de richesse. Les résultats obtenus pour l'instant suggèrent que les effets retardés positifs viennent compenser leurs effets négatifs. L'effet total des chocs climatiques ne serait pas alors différent de leur effet direct de court terme[6].

En définitive, le réchauffement devrait beaucoup plus freiner le développement économique des pays les moins avancés, car plus chauds. Certaines estimations parmi les plus sérieuses avancent une chute du PIB de plus de 75 % en 2100 pour les pays les plus pauvres[7] pour une élévation de température de l'ordre de 4 °C (le scénario pessimiste du GIEC dit RCP 8.5).

Un choc d'inégalités

Montesquieu et Voltaire nourrissaient leurs réflexions de la lecture de cartes et de livres d'histoire ainsi que de leurs voyages. Ils ne pouvaient pas s'appuyer sur la myriade de données mondiales démographiques et climatiques dont nous disposons aujourd'hui. Comme nous l'avons vu au chapitre 1, nous savons désormais comment la population se répartit sur le globe et sommes capables de projeter sa croissance. 1 % de la population mondiale vit là où la température moyenne annuelle dépasse 29 °C, un seuil considéré comme rendant la vie humaine difficilement supportable[8]. Dans l'hypothèse d'un réchauffement de 2,7 °C, la proportion passerait à 23 % en 2100. Dont : 600 millions d'Indiens, 300 millions de Nigérians et 100 millions d'Indonésiens. Au-delà de ces premières places des pays selon le nombre d'habitants exposés, on ne trouve parmi les 47 suivants aucun pays de l'OCDE et seulement trois pays à revenus élevés, tous producteurs de pétrole.

Dans un classement de la population exposée aux risques d'inondation[9], deux pays de l'OCDE seulement, les États-Unis et le Japon, figurent dans les dix premiers en nombre de résidents menacés. L'Inde encore une fois vient en tête. Ces quelques données parmi d'autres[10] illustrent un fait bien connu des experts : les pays riches industrialisés de longue date sont relativement épargnés des conséquences du réchauffement, tandis que les pays qui peinent à se développer cumulent une croissance démographique forte, une exposition excessive au dérèglement climatique et une capacité financière limitée pour en réduire les impacts.

L'inégalité économique entre pays a reculé au cours du demi-siècle passé mais cet heureux reflux aurait été encore plus marqué sans le réchauffement. Telle est la thèse avancée par un économiste et un spécialiste de l'environnement, tous deux de l'université de Stanford. Le titre de leur article paru dans la revue officielle de l'Académie des sciences américaine n'en fait pas mystère : « Global warming has increased global economic inequality ». Ils y établissent que l'écart de richesses entre les habitants des pays les plus riches et ceux des pays les plus pauvres aurait été réduit de près de moitié sans l'élévation de température observée entre 1960 et 2010.

L'inégalité ne se résume pas bien sûr au PIB. Le réchauffement affecte inéquitablement aussi la mortalité, accroissant là encore l'écart entre les pays riches et les autres.

Les trente dernières années en fournissent un premier indice. La mortalité associée à la chaleur attribuable à l'élévation de température depuis 1990 a été estimée à 0,58 % de la mortalité totale en moyenne pour une quarantaine de pays. Mais ce ratio est trois fois plus élevé pour le Vietnam, deux fois pour l'Iran et la Thaïlande. À l'opposé, il est deux fois plus faible pour les États-Unis et le Royaume-Uni[11].

L'écart devrait se creuser dans le futur car l'élastique se tend par ses deux extrémités : la mortalité associée à la température baisse dans les pays riches et froids, tandis qu'elle s'élève dans les pays pauvres et chauds. Nous avons mentionné dans le chapitre 1 un travail de modélisation qui chiffrait une mortalité additionnelle associée à une élévation de la température de 2,7 °C de 11 décès pour 100 000 habitants à l'horizon 2100. Derrière ce taux de mortalité tous pays confondus se trouvent le Pakistan à un extrême, avec un taux de 81,4, et l'Europe à l'autre extrême, avec un taux de – 42. Oui, un taux négatif. Ce modèle tient compte de la mortalité liée à la fois aux températures chaudes et aux températures froides. Il prévoit qu'en Europe les décès évités par des hivers moins rigoureux l'emportent sur les décès supplémentaires des étés plus caniculaires. Comme nous l'avons vu dans le chapitre 1, la relation entre température et mortalité n'est pas en effet à sens unique. Le réchauffement diminue aussi les journées et les pics de grand froid.

Cette inégalité de mortalité croissante est confirmée par le travail réalisé par une autre équipe de chercheurs[12]. La modélisation porte cette fois sur la surmortalité liée à l'évolution des températures dans les vingt dernières années de notre siècle. Elle conduirait à une augmentation de la mortalité totale mondiale de 1,8 % dans l'hypothèse du scénario d'une élévation de 2,7 °C (scénario RCP 4.5 du GIEC). Mais, derrière cette moyenne, on trouve une augmentation de 9,7 % pour le Niger, 6,2 % pour le Pakistan et une baisse de 3,3 % pour l'Irlande, et même 5,4 % pour l'Islande. La France connaît presque un équilibre avec une modeste augmentation de 0,4 %.

Mentionnons enfin, dans le même ordre d'idées, l'inégalité croissante entre pays riches et pauvres de la morbidité liée aux maladies infectieuses. Il est désormais bien établi que le réchauffement accroît la facilité de transmission de parasites[13], comme celui à l'origine du paludisme, et de virus, comme ceux du chikungunya, de la dengue et de Zika.

Ces inégalités croissantes sont souvent mises en regard des contributions des pays aux émissions de gaz à effet de serre. La formule tient en une phrase choc : les émissions sont essentiellement attribuables aux pays développés tandis que les pays en développement en sont les principales victimes. Cette asymétrie est propice à faire le lit d'une bataille aveugle opposant l'Occident et le Sud global. Évitons cette vision qui commande d'écarter des faits et d'en hypertrophier d'autres. Ne jouons pas à Procuste, ce brigand qui offrait son grand lit au plus petit de ses hôtes et son petit lit au plus grand, puis écartelait les membres du premier et sciait ceux du second pour qu'ils occupent la place qu'il leur avait assignée. La question de la responsabilité des émetteurs historiques et d'un financement juste de l'adaptation pour les populations les plus exposées et vulnérables au réchauffement climatique est trop importante pour que l'on se contente d'approximations.

La dichotomie entre pays développés et pays en développement en est une. Elle est trop schématique et ceux d'aujourd'hui ne sont pas ceux d'hier. Considérons les États qui dans le cadre du protocole de Kyoto de 1997 sont tenus de réduire leurs émissions. Ils comprennent les pays alors dits « développés », soit les pays membres de l'OCDE à cette date (Europe, Amérique du Nord, Japon, Australie et Nouvelle-Zélande) ainsi que les pays en transition vers l'économie de marché – le terme alors consacré pour désigner les pays du bloc communiste : URSS et pays de l'Europe de l'Est. Tous les autres États de la planète, non tenus par des engagements, tombent dans la catégorie des pays dits en voie de développement. Pays aussi dits « du tiers-monde » pour reprendre l'ancienne formule forgée par l'économiste Alfred Sauvy, ou encore qualifiés autrefois de sous-développés. La République de Corée du Sud, la République populaire de Chine ou les Émirats arabes unis appartiennent à ce groupe. Cette partition n'a plus aucun sens de nos jours. Si l'on s'en tient au simple critère de développement économique du PIB par habitant, il convient à la suite de la Banque mondiale de distinguer aujourd'hui quatre grands groupes de pays : les pays à revenu élevé, soit les plus riches de la planète, où l'on trouve dorénavant la Corée du Sud et les Émirats de même que l'ensemble des pays pétroliers du Moyen-Orient ; les pays à revenu intermédiaire de tranche supérieure, dont la Russie et la Chine ; les pays de revenu intermédiaire de tranche inférieure dont l'Inde et l'Indonésie ; et enfin les pays à faible revenu, soit les plus pauvres de la planète, comme le Nigeria et de nombreux autres pays de l'Afrique.

Il faut aussi savoir que les émissions de gaz à effet de serre cumulées depuis la révolution industrielle ne sont aujourd'hui plus principalement attribuables aux pays déjà membres de l'OCDE en 1997. De 1850 à 2020, ces pays ont seulement émis la moitié des rejets de CO_2 dans l'atmosphère produits par les combustibles fossiles. La part de ces pays tombe encore si l'on inclut les émissions liées à la déforestation et au changement d'affectation des terres. Le Brésil et l'Indonésie en particulier voient leurs émissions cumulées plus que tripler et occuper derrière les États-Unis, la Chine et la Russie les quatrième et cinquième rangs des plus grands émetteurs historiques. Il convient également de reconnaître que la liste établie en 1997 des pays tenus à réduire leurs émissions ne regroupe pas tous les pays riches et émetteurs d'aujourd'hui. Citons parmi les nouveaux venus la Corée du Sud ainsi que le Qatar et l'Arabie saoudite.

Il est aussi nécessaire de savoir qu'une attribution des émissions tenant compte du nombre d'habitants des pays ne conforte pas davantage l'image d'un monde coupé en deux. En 2019[14], les émissions moyennes d'un Terrien s'élevaient à 6,5 tonnes de CO_2 par an. Parmi les 10 pays plus grands émetteurs mondiaux, seule l'Inde présente un chiffre plus bas avec 2,5 tonnes par an et par habitant. L'Union européenne est légèrement au-dessus de la moyenne mondiale avec 7 tonnes, comme l'Indonésie (7,2 tonnes). La Chine

(8,6 tonnes), le Japon (9 tonnes) et l'Iran (10,8 tonnes) s'en éloignent un peu plus, tandis que les États-Unis avec 21,7 tonnes restent très loin devant. Ces derniers ne figurent pas toutefois parmi les 10 pays aux émissions par habitant les plus élevées. Cette catégorie est dominée par les pays pétroliers dont le Qatar (41 tonnes) et les pays où l'origine des émissions est liée avant tout à la déforestation et au changement d'affectation des terres, à l'instar du Botswana (22,7 tonnes).

Il faut enfin avoir en tête que les pays à revenu intermédiaire ne sont pas tous des victimes. Cette catégorie comprend par exemple la Russie, qu'il n'est pas évident de considérer comme une perdante du réchauffement climatique du fait de sa position septentrionale.

Il convient donc de se débarrasser de la partition du monde entre pays développés et pays en développement, en matière de justice climatique comme pour le reste. Et de ne pas lui substituer la paire Occident et Sud global. Renoncer à forcer les pays à entrer dans deux lits mal taillés n'aboutit cependant pas à évacuer la question des injustices climatiques. La justice climatique doit simplement être formatée autrement.

Un peu de philosophie

De ce point de vue, la philosophie morale et politique qui s'intéresse aux normes que pourrait épouser une justice climatique mondiale offre un éclairage instructif. Ses réflexions portent principalement sur les principes de répartition des coûts et des bénéfices des émissions entre les générations et entre les pays. Elles s'appliquent avant tout au partage des efforts d'atténuation. La question de qui doit prendre en charge les inégalités d'adaptation, celle qui nous intéresse ici, est différente. En simplifiant (voir chapitre 7), les mesures d'adaptation bénéficient seulement aux populations locales. Cette caractéristique implique-t-elle pour autant que la justice de l'adaptation soit une simple affaire nationale et que les réflexions sur la justice climatique mondiale soient donc sans utilité ? Non, car l'adaptation, comme l'atténuation, est un moyen de réduire les dommages. Or les théories de la justice climatique mondiale portent justement sur les principes de responsabilité de ceux qui en sont à l'origine et les exigences de leur réparation. Que nous apprennent-elles ? Leur principal enseignement est que la responsabilité historique des pays émetteurs semble difficilement justifiable pour le passé lointain sauf à introduire des règles bien particulières, *ad hoc* pour employer une locution latine.

Le lien de causalité entre les émissions passées des pays et les dommages présents et futurs du réchauffement ne porte pas à discussion. Mais la causalité n'est pas en général la seule condition requise pour l'imputation juridique d'une responsabilité morale. Elle suppose aussi d'avoir conscience de ce que l'on a fait et d'avoir la possibilité de s'y opposer. Or les pays qui se sont lancés dans le développement industriel ignoraient les effets de la combustion des énergies fossiles sur le climat. Par ailleurs, les populations présentes sont dans l'incapacité d'exercer un contrôle sur les actions de leurs aïeux. Difficile rétrospectivement de les empêcher d'agir… La responsabilité des émetteurs ne saurait alors être engagée avant la seconde moitié du XXe siècle. 1990, année de la publication du premier rapport du GIEC, est souvent prise comme date de référence[15]. Par ce canal, les experts scientifiques ont fait savoir au monde entier que les émissions de gaz à effet de serre entraîneront un réchauffement supplémentaire de la Terre aux effets néfastes. Notez qu'un tel choix ne dédouane pas pour autant les émetteurs, puisque plus de la moitié des quantités historiques de CO_2 ont été émises au cours des trente dernières années[16]. En revanche, il fait peser une plus grande charge sur les épaules d'émetteurs récents comme la Chine et l'Indonésie.

La philosophie morale de la justice climatique propose toute une série de principes normatifs susceptibles d'être retenus. Le principe pollueur-payeur vient en tête. Bien connu et peu contesté, il n'est pas utile de s'y attarder ici. Certains philosophes proposent de le compléter par le principe de la capacité à payer[17], une règle normative classique de la justice redistributive. Elle conduit notamment à exonérer les émetteurs les plus pauvres de contribuer aux efforts d'atténuation ainsi qu'au financement international des besoins d'adaptation.

Un troisième principe invoqué, celui du bénéficiaire-payeur, témoigne d'une justice climatique créative, mais soulève plus de questions qu'il n'en résout. Forgé dans le cadre du changement climatique, il impose des obligations correctrices et compensatoires à ceux qui ont bénéficié d'une action préjudiciable au climat dont ils ne sont pourtant pas les auteurs. Il ne s'agit plus comme précédemment de payer pour la lutte contre le changement climatique parce que l'on est mieux loti mais de payer parce qu'on est mieux loti grâce aux bénéfices retirés de l'industrialisation[18], l'industrialisation étant associée au problème climatique par son recours consubstantiel au charbon et au pétrole. Un enrichissement considéré comme d'autant plus injuste que cette voie du développement est rendue plus difficile aux autres pays dans un monde qui cherche désormais à freiner l'usage des énergies fossiles. Ce principe justifierait alors que les pays industrialisés de longue date soient mis à contribution de façon spécifique. Même si les générations présentes ne sont pas responsables des émissions depuis le début de la révolution industrielle, elles bénéficieraient du développement économique qu'elle a entraîné.

Comme le souligne Olivier Godard dans son petit livre synthétique *La Justice climatique mondiale*[19], ce principe reste éminemment controversé. Ce chercheur du CNRS pointe en particulier la difficulté de ramener les choses à due proportion, car la richesse collective accumulée des pays développés n'est ni exclusivement ni même principalement le fruit de l'utilisation des énergies fossiles. Comme déjà évoqué, la qualité des institutions exerce un rôle premier. En outre, le principe bénéficiaire-payeur est dénué de portée générale sauf à mettre à bas toute la doctrine du droit civil de la responsabilité. Il conduirait en effet à ce que le simple fait de recevoir, de façon involontaire et non fautive, un bénéfice issu de l'action d'un tiers créerait une obligation à restituer une partie de ce bénéfice à des personnes qui se trouvent avoir été désavantagées par cette action. Imaginons à la suite d'Olivier Godard, la série d'événements suivants : Pierre meurt en creusant une cave qui déclenche un glissement de terrain qui détruit la maison de Paul et met à nu un filon aurifère sur le terrain de Jacques. Ce dernier devra-t-il verser une compensation à Paul à hauteur de son dommage alors qu'il n'y est strictement pour rien ? La loi générale doit-elle corriger ce type d'injustice, réduisant la malchance de l'un et la chance de l'autre ? Sans doute non. Ce qui n'interdit évidemment pas à Jacques d'aider Paul par générosité ou souci de bon voisinage.

La philosophie morale appliquée au changement climatique a creusé son sillon dans sa tour d'ivoire mais ses principes ne sont pas complètement absents de positions politiques. À ce titre, le début de l'article 3 du premier traité des Nations unis sur le changement climatique mérite d'être cité[20] : « Il incombe aux [États] de préserver le système climatique [...] en fonction de leurs responsabilités communes mais différenciées et de leurs capacités respectives. Il appartient en conséquence aux pays développés d'être à l'avant-garde de la lutte contre les changements climatiques et leurs effets néfastes. » Nous sommes en 1992 et les émissions des pays industrialisés prédominent largement. Leur rôle prééminent découle ici du principe pollueur-payeur, non de celui du bénéficiaire-payeur. Ce dernier se retrouve en revanche en arrière-plan des prises de position d'organisations non gouvernementales, celles qui militent pour un devoir de réparation et des compensations par les pays développés aux pays en développement. À leurs yeux, « une transition juste qui ne tient pas compte des responsabilités historiques [du Nord global] ne veut rien dire[21] ».

L'affaire est entendue : l'adaptation est aussi une question globale. Voyons alors comment elle prend tournure à travers le développement de la coopération entre les 196 États qui ont ratifié le traité de 1992.

Les politiques internationales d'adaptation

L'accord de Paris, fameux pour son engagement de contenir l'élévation de température à moins de 2 °C, date de 2015. Fait peu connu du grand public, il est aussi celui qui érige l'adaptation comme pilier de la lutte contre les effets du changement climatique. Au côté de celui de la réduction des émissions, ni plus haut ni plus bas. Si l'on jugeait l'importance relative d'un principe au nombre d'occurrences apparues dans un texte, l'adaptation occuperait même la première place dans l'accord de Paris. Ce texte appelle à renforcer les capacités d'adaptation et à mettre en place une coopération internationale pour la faciliter, notamment grâce à des financements en faveur des pays les plus exposés et les plus pauvres. Mais s'il décrète un « objectif mondial en matière d'adaptation », l'accord de Paris ne lui donne pas de traduction chiffrée et reste très vague. Où en sommes-nous presque dix ans après ? Pas très loin : l'adaptation dans les discussions et engagements internationaux tient le rôle du petit frère qui peine à grandir.

Assis à l'entrée de la zone réservée aux négociateurs, feu Saleemul Huq a assisté à toutes les COP. Il a perdu sa place à Dubaï, tout comme l'adaptation dont il était l'infatigable défenseur. Tout au long de sa vie, ce scientifique anglo-bangladais a œuvré pour favoriser la coopération mondiale en matière d'adaptation, son financement par les pays riches ainsi que la diffusion des technologies et des pratiques pour la mettre en œuvre dans les pays à revenus intermédiaires et faibles. Son pays d'origine, l'un des plus vulnérables de la planète, a bénéficié de sa détermination farouche et de son savoir étendu pour établir un plan d'adaptation exemplaire. Grâce à lui, la saison des cyclones est devenue moins dévastatrice et meurtrière dans le golfe du Bengale[22].

Huq aurait été malheureux de constater la relégation de l'adaptation lors de la COP28 de 2023. Le texte final adopté ne contient en effet que des formules vagues, des principes généraux et seulement des engagements à prolonger des travaux précédents et poursuivre encore les discussions. L'affaire était pourtant bien partie. Les deux COP précédentes avaient tracé le chemin pour aboutir à préciser le contenu de l'objectif mondial d'adaptation ainsi que pour augmenter les financements internationaux à lui consacrer. Elles avaient établi un programme et un cadre de travail pour progresser dans l'établissement des priorités, la métrique d'évaluation des projets ainsi que sur les cibles futures à retenir. Près de deux années de préparation jalonnées d'une dizaine d'ateliers de travail avaient ainsi ouvert la porte à une avancée significative à Dubaï sur l'adaptation. Une liste impressionnante d'objectifs quantifiés avait été proposée[23], prêts à être mis sur la table de négociation et discutés par les délégués des pays. Par exemple : « D'ici à 20XX, notre but est de réduire la vulnérabilité et de renforcer les capacités d'adaptation et de résilience [effective] pour atteindre et bénéficier à XXX milliards de personnes*. » Ou, plus prescriptif : « Augmenter les actions d'adaptation pour réduire les impacts de 30 % à l'horizon 2030. » Ou encore, plus modeste : « Atteindre une couverture de 100 % des systèmes d'alerte aux multiples aléas en 2027** ». Aucun de ces engagements chiffrés et datés ni d'autres n'ont été repris.

Idem sur le plan financier. Les COP précédentes avaient appelé les pays développés à doubler au minimum les aides spécifiques

* « *By 20xx, our goal is to reduce vulnerability and enhance long-term [effective] resilience and adaptative capacity reaching and benefiting xxx billion people.* »
** « *Achieve 100 per cent coverage of multi-hazard ealy warning system.* »

en faveur de l'adaptation, pour atteindre au moins 40 milliards de dollars en 2025. Une exhortation qui n'a pas été suivie d'effet et qui n'a pas été remplacée par un autre engagement ferme à Dubaï pour le futur. Cette conférence des parties avait été pourtant précédée d'études chiffrées fouillées établissant la nécessité d'une multiplication massive des financements en faveur de l'adaptation. Un premier rapport des Nations unies sur l'adaptation, déjà évoqué, astucieusement intitulé *Trop peu, trop lent*, avait établi les besoins d'adaptation des pays à revenus intermédiaires et faibles à 200 milliards de dollars par an[24]. Dans un second paru quelques semaines avant Dubaï, le montant avait été revu à la hausse de plusieurs dizaines de milliards[25]. L'écart entre les financements effectifs, 21,3 milliards de dollars pour 2021, et les besoins est donc de l'ordre de 1 à 10.

Il est également éclairant de comparer le montant actuel des financements de l'adaptation aux aides internationales en faveur de l'atténuation. Regardons du côté des travaux de l'OCDE. L'organisation intergouvernementale trace la mise en œuvre de l'engagement des pays développés à financer à hauteur de 100 milliards de dollars par an les efforts climatiques de pays à revenus intermédiaires et faibles. Une somme tardivement mais désormais atteinte. Mais ces flux financent avant tout l'atténuation, 2,6 fois plus que l'adaptation entre 2017 et 2021[26]. Les pays développés financent ainsi davantage la réduction des émissions dans les pays en développement qu'ils ne les aident à s'adapter au changement climatique.

Cette répartition pose question. En effet, à niveau de financement donné, les retombées du soutien à l'atténuation sont moins favorables pour le pays aidé ; la réduction des émissions de CO_2 bénéficie d'abord et avant tout au reste du monde, y compris donc aux pays donateurs. Pour le pays aidé, le bilan peut même s'avérer négatif puisque les aides viennent accroître son endettement : près des deux tiers des fonds sont en effet attribués sous forme de prêts. Cet endettement supplémentaire est particulièrement problématique pour les pays à faible revenu. Pour ces derniers – et contrairement aux pays à revenu intermédiaire –, le financement international de l'adaptation dépasse certes celui de l'atténuation (une moyenne annuelle de 6 milliards de dollars d'aides pour l'adaptation contre 2,3 pour l'atténuation). Mais, au vu de leur économie, de leurs très faibles émissions passées et présentes ainsi que du dénuement et de la vulnérabilité de leur population, ne serait-il pas plus juste d'y financer exclusivement des projets et mesures d'adaptation ? Ne serait-il pas aussi plus juste que des pays comme la Chine faisant officiellement partie des pays en développement dans la liste du protocole de Kyoto de 1997 ne perçoivent plus ces aides, ou encore que les États-Unis augmentent leur contribution à l'adaptation, une aide aujourd'hui six fois inférieure à celle de la France et dix fois inférieure à celle du Japon[27] ?

Dans un billet d'humeur publié quelques jours après Dubaï, Brian Mantlana, un ancien responsable du groupe africain de négociation aux conférences des parties, qualifie de risibles les résultats de la COP28 en matière d'adaptation[28]. Il conclut amèrement qu'il « est temps que les pays en développement intériorisent le fait qu'ils sont seuls dans leur réponse au changement climatique* ».

Adaptation et « pertes et dommages »

Le dépit de Saleemul Huq aurait-il été moindre s'il avait pu au moins assister au premier jour de la COP ? Sultan Al-Jaber, son président, avait alors annoncé un « accord historique » pour la mise en œuvre d'un fonds spécial consacré aux « pertes et dommages ». Le scientifique aurait cependant été affligé de constater la faiblesse des engagements pris ce jour-là à Dubaï. Moins de 500 millions de

* « *It is time that the developing countries internalise that they are on their own in responding to climate change.* »

dollars mis au pot par une poignée d'États donateurs, aux premiers rangs desquels la France, l'Italie, l'Allemagne ainsi que les Émirats arabes unis et au dernier – ou peu s'en faut – les États-Unis. Des sommes d'autant plus dérisoires qu'il ne s'agit pas d'un abondement permanent mais seulement sur quatre ans. De plus, les États qui n'ont pas encore contribué, à l'instar d'autres pays pétroliers et de la Chine, sont seulement encouragés à le faire dans le futur. Il faut observer enfin que cette annonce inaugurale a eu pour effet de placer la question du financement de l'adaptation tout au bas de la pile des sujets à discuter pour les jours suivants, avant qu'elle ne soit finalement évincée.

À propos, quel est le lien entre l'adaptation et la notion onusienne de « pertes et dommages » ? Il n'est pas évident car cette dernière reste très confuse. Implicitement, elle rejoint celles de responsabilité et de compensation tout en s'en écartant explicitement ! Elle correspond en effet à la revendication exprimée depuis longtemps par de nombreux pays de faire reconnaître aux pays industrialisés leur responsabilité historique d'émetteurs de gaz à effet de serre. Mais les textes – qu'il s'agisse de la décision de la COP de Paris[29] ou encore de celle de Dubaï[30] – répètent à l'envi que les accords signés concernant les pertes et dommages « ne peu[ven]t donner lieu ni servir de fondement à aucune responsabilité ni indemnisation ». Cet avertissement provient du refus des pays développés de voir leur responsabilité légale engagée et de leur crainte de litiges tous azimuts et de demandes d'indemnisation à grande échelle. Sans une telle précision, aucune signature des pays développés n'était envisageable à Paris comme à Dubaï.

Une seconde source de confusion tient à la frontière controversée entre l'adaptation et les pertes et dommages. Pour les uns, la seconde notion recouvre et englobe la première[31]. L'adaptation conduit bien en effet à réduire les pertes et dommages liés au dérèglement climatique. C'est même son but. Pour d'autres, dont nous sommes, il ne faut pas comprendre extensivement ainsi la notion de pertes et dommages mais la séparer de l'adaptation en la cantonnant au risque résiduel : les pertes et dommages désignés sont ceux qui restent au-delà de l'adaptation, c'est-à-dire une fois les efforts d'adaptation réalisés ou à portée de main, mais aussi lorsque l'adaptation est devenue tout bonnement impossible. L'adaptation rencontre en effet des limites[32]. C'est le cas quand l'argent ou le temps manquent aux populations pour se protéger efficacement contre les effets du changement climatique. Face aux événements extrêmes, une fois les habitations détruites ou les terres lessivées, par exemple. Face également à des disparitions lentes et implacables comme la submersion des îles les plus basses et la dégradation des coraux. Les points de bascule une fois dépassés, les solutions d'adaptation n'apportent plus aucun secours. Manquant de terre ferme et des ressources halieutiques des récifs coralliens, les populations locales ne peuvent plus survivre. La notion de pertes et dommages a d'ailleurs été portée pour la première fois dans les discussions onusiennes sur le changement climatique par l'État insulaire du Vanuatu, il y a de cela plusieurs décennies.

La notion de pertes et dommages nets de l'adaptation a été reprise par un quatuor d'économistes californiens pour estimer les effets des émissions historiques. Leur travail de modélisation repose classiquement sur une courbe de réponse de la croissance du PIB à la température, sur la sensibilité de cette dernière au niveau des émissions de CO_2 et sur le taux d'actualisation[33]. Pour le décompte des émissions historiques, ils ont retenu 1990 comme année de référence, l'année marquant la connaissance généralisée des méfaits de l'effet de serre (voir plus haut). Les auteurs calculent ainsi qu'une tonne de CO_2 émise cette année-là entraîne un dommage mondial cumulatif jusqu'en 2020 de 4 dollars actualisé à 2 %. Au total, ils estiment un dommage cumulé des tonnes de carbone émises entre 1990 et 2020 à une dizaine de trillions de dollars. Les États-Unis sont à l'origine d'environ un cinquième d'entre elles. Pour continuer de fixer les idées, si les pays émetteurs devaient compenser ces dommages, c'est de l'ordre de la centaine de milliards de dollars qu'ils auraient dû verser dans le fonds promu à Dubaï. L'article apporte également un chiffrage sur deux phénomènes moins souvent éclairés. En premier lieu, les émissions passées déplaçant la température moyenne annuelle sur la courbe du taux de croissance pour les pays de hautes latitudes comme le Canada, la Russie et ceux de l'Europe du Nord, elles leur procurent un gain de PIB. Ce bénéfice est estimé à plusieurs trillions de dollars. En second lieu, les émissions passées à partir de 1990 restant dans l'atmosphère au-delà de 2020 vont continuer à produire des dommages jusqu'au moins en 2100. Ce dommage futur des émissions passées est incomparablement supérieur à leurs dommages passés. Les auteurs estiment par exemple que le dommage circonscrit à la période 1990-2020 d'une tonne de CO_2 émise en 1990 bondit de 4 à 327 dollars pour la période 2020-2100.

Une dernière source de confusion tient au rattachement de la mobilité des hommes au chapitre onusien des pertes et dommages. Une commission sur les déplacements de population liés au changement climatique a été créée et travaille dans ce cadre depuis de nombreuses années. Il est vrai que l'abandon d'habitations, de villages et de terres face à des inondations et sécheresses répétées présente souvent un caractère irréparable. Néanmoins, sur le plan conceptuel, la migration qu'elle soit spontanée ou planifiée fait partie des formes d'adaptation, même si elle apparaît comme la solution de dernier ressort. Elle permet bel et bien de réduire les nouvelles pertes que les déracinés auraient subies s'ils étaient restés.

Migrations climatiques internationales : mythe ou réalité ?

Profitons de cette référence à la mobilité des hommes pour tordre le cou à de fausses croyances sur les migrations climatiques internationales. Un ton alarmiste a longtemps prévalu et est encore prégnant. D'aucuns prévoyant le débarquement de hordes d'immigrants chassés de chez eux par le réchauffement et son lot d'événements extrêmes, en particulier venant de l'Afrique subsaharienne pour trouver refuge en Europe. Ce chiffon rouge – agité avec au mieux l'intention de forcer l'urgence des actions d'atténuation, au pire celle d'entretenir une culture de la peur xénophobe – ne repose sur aucune base empirique sérieuse. Rappelons quelques éléments généraux. *Primo*, la majorité des migrants, c'est-à-dire des résidents nés dans un État différent, vivent dans un pays à revenu faible ou moyen ou dans les pays du Golfe[34]. Ils n'ont pas quitté leur pays pour se rendre principalement dans les pays de l'OCDE. Dans l'ensemble, 94 % des Terriens vivent dans le pays qui les a vus naître. *Secundo*, les hommes, les femmes et les enfants se déplacent avant tout dans leur pays d'origine. Pour les deux tiers des déplacements environ[35]. Pour le tiers restant, il s'agit principalement d'une émigration vers un pays voisin et non vers une destination lointaine. *Tertio*, les plus démunis sont ceux qui disposent des plus faibles possibilités de se déplacer, notamment pour gagner des destinations lointaines car le trajet est coûteux pour les atteindre. *Quarto*, les migrations répondent à des facteurs multiples : opportunités économiques, recherche de meilleures conditions de vie, accès plus facile aux services éducatifs et de santé, fuite d'un régime politique, etc.

Le changement climatique émerge toutefois comme un nouveau facteur poussant à la migration. Est-il significatif ? Il se combine aux autres, ce qui rend difficile sa mesure. Logiquement, l'analyse porte d'abord sur les migrations internes puisque ce sont historiquement les plus importantes. Une étude de la Banque mondiale[36] à partir de données sur près d'un demi-milliard de personnes et plus de 60 pays montre ainsi que le déplacement des personnes dans leur propre pays dépend principalement de l'âge, de la taille du foyer et du niveau d'éducation ; la pluviométrie, seule variable climatique considérée dans ce travail, arrive très loin derrière. L'étude confirme par ailleurs l'hypothèse de la contrainte de liquidité financière des ménages dans les pays à faible revenu : les années de pluviométrie haute se traduisent par une migration plus forte que les années de pluviométrie basse, ces dernières épuisant le peu d'épargne ou de crédit disponibles de ceux qui en disposaient. Un autre rapport de la Banque mondiale, au titre évocateur inquiétant de *Groundswell*[37] (« lame de fond », en français), estime qu'à l'horizon 2050 les migrations climatiques internes s'élèveraient entre 40 millions et 260 millions de personnes selon différents scénarios. Des chiffres à comparer avec les 20 millions de personnes qui ont dû se déplacer dans leur pays en 2023 à la suite de catastrophes climatiques, essentiellement des inondations et des tempêtes. Dans les pays et régions étudiées en profondeur dans le rapport *Groundswell*, la migration climatique à cet horizon représenterait entre 17 et 27 % des mouvements de migration interne. Une part significative donc.

Une recherche réalisée par deux économistes académiques italiens[38], l'une restée au pays, l'autre ayant émigré en Californie, mérite également d'être citée car elle compare les migrations climatiques internes et internationales. Portant sur des données observées entre 1960 et 2000 dans plus de 100 pays, elle confirme que les déplacements liés à la variation de température ne semblent pas différents des autres : ils s'effectuent principalement sur de courtes distances et dans le même pays. Elle montre également qu'une année plus chaude dans les pays de revenu intermédiaire accélère la migration internationale mais uniquement vers des pays qui n'appartiennent pas à l'OCDE. En revanche, pour les pays pauvres, l'augmentation de température entraîne une diminution de l'émigration tant vers les pays de l'OCDE que vers les autres. Au total, comme le soulignent les deux autrices, l'augmentation de température pourrait ainsi diminuer la migration internationale vers les pays riches ! L'emploi du conditionnel est de rigueur car l'étude économétrique porte uniquement sur les déplacements de la population rurale. Elle ne nous apprend rien sur un exode climatique urbain vers d'autres pays, vers les pays de l'OCDE en particulier.

À notre connaissance, le seul travail quantitatif concernant exclusivement les migrations internationales liées au climat porte sur les demandes d'asile[39]. Des économistes de l'université Columbia ont analysé la relation entre le nombre de dépôts de telles demandes dans l'Union européenne au cours de la période 2000-2014 et les variations de température dans les pays d'origine des demandeurs d'asile. Ils estiment qu'un réchauffement de 1 °C augmente le nombre de demandes de 6 % et qu'un réchauffement de 5 °C conduirait à son doublement.

Par ailleurs, ces demandes supplémentaires sont plus souvent acceptées que les autres, suggérant que les pays d'accueil assimilent ces demandeurs à des réfugiés plutôt qu'à des migrants économiques non éligibles à l'asile. Et ce bien que la notion couramment employée de réfugié climatique n'ait à ce jour aucune existence légale. De nombreuses voix s'élèvent pour qu'elle lui soit reconnue. Mais la Convention internationale de Genève, le traité international qui définit le statut de réfugié, oblige ses signataires à accorder l'asile à toute personne menacée de persécution du fait de sa race, sa religion, son appartenance à un certain groupe social ou ses opinions politiques. La reconnaissance de la menace climatique supposerait une révision de la convention, et donc un consensus entre les États qui apparaît hors de portée dans le monde fragmenté d'aujourd'hui. La mise en œuvre concrète de cette règle nécessiterait également d'être capable d'établir le changement climatique comme facteur principal de la migration du candidat à l'asile.

Un travail prospectif récent[40] fondé sur la prévision des conditions économiques de migration estime qu'entre 50 et 100 millions de personnes en âge de travailler quitteraient d'ici la fin du siècle leur pays du fait du dérèglement climatique. Sur ce total, seul un cinquième se dirigerait vers un pays de l'OCDE. Et les auteurs de conclure qu'« une migration internationale massive due aux chocs climatiques est improbable ».

En résumé, le manque criant de solidarité internationale en matière d'adaptation laisse les populations vivant aux faibles latitudes seules face aux chocs climatiques. Alors même qu'elles sont les plus exposées et les moins à même d'y résister car le plus souvent pauvres. Sans ce soutien, des inégalités déjà choquantes aujourd'hui ne peuvent que se creuser. Un changement d'échelle de l'aide internationale en faveur de l'adaptation permettrait de sauver de nombreuses vies humaines et d'éviter des dommages matériels massifs. Dès maintenant et non demain. Un changement d'échelle à même de faire reculer la pauvreté et d'accélérer la croissance économique. Un double dividende qui rendrait tolérables les effets défavorables de leur adaptation sur les émissions de gaz à effet de serre qui se produiront avant que leur développement de pays pauvres ne soit décarboné.

CONCLUSION

Quelle planète en 2100 ?

Tout le monde se trompe sur l'avenir. C'est l'une des rares certitudes qui soit donnée à l'homme, nous dit Milan Kundera dans l'un de ses romans justement intitulé *L'Ignorance*[1]. Une simple expérience de pensée permet d'illustrer cette incertitude certaine[2]. Supposons vivre en 1900 et devoir prédire le monde tel qu'il sera en 2000 avec 2,7 °C de plus, l'augmentation que prévoit le scénario médian du GIEC. Comment évaluerions-nous alors les conséquences de ce réchauffement et notre capacité à nous y adapter ? Sur quel type de monde devrions-nous superposer ce changement climatique avec des estimations fiables de la fréquence et de l'intensité des événements climatiques extrêmes, de leur localisation géographique, des fluctuations saisonnières de température ou de précipitations ?

L'exposition des mégalopoles à des événements extrêmes ? Seule Londres, fréquemment inondée, dépasse alors 5 millions d'habitants. Les dommages aux infrastructures ? Les premiers réseaux de télécommunication ou d'électricité viennent à peine d'être installés. Le téléphone et la voiture à moteur thermique n'en sont qu'à leurs balbutiements. La première chaussée goudronnée sera testée sur une corniche de Monte-Carlo deux ans plus tard. La santé ? L'espérance de vie est en France de 45 ans, 37 ans au niveau mondial. Pas de système obligatoire d'assurance-maladie, sauf en Allemagne. Et *quid* des régions tropicales et subtropicales, les plus affectées par ce réchauffement ? L'organisation économique, sociale et politique de larges zones est *terra incognita* pour le prospectiviste d'alors.

Son attention se porterait vraisemblablement sur l'agriculture, activité naturellement soumise au climat et occupant la plus grande partie d'une population mondiale estimée alors à 1,6 milliard d'habitants. Parions également que dans les pays qui s'industrialisent le réchauffement aurait plutôt été envisagé comme une heureuse nouvelle. C'est à l'époque le froid qui pénalise les rendements agricoles, le froid qui affaiblit les organismes, le froid qui réclame un chauffage alors difficile d'accès pour les plus pauvres, le froid encore qui ralentit en hiver le transport des biens et des personnes.

Les prévisions sont systématiquement invalidées car bâties sur les connaissances du présent, les résultats de modèles d'aujourd'hui, les expérimentations en cours et les croyances de l'époque. Faut-il pour autant renoncer à l'analyse prospective ? À l'évidence, non. La moitié des tonnes de CO_2 relâchées aujourd'hui sera encore présente dans l'atmosphère en 2100, ce qui, sauf à prendre les décisions à l'aveugle, oblige à les nourrir aujourd'hui avec une vision des dommages futurs et donc des bénéfices qu'il y aurait à les éviter. Tentons alors de dessiner un futur à partir des connaissances actuelles sur l'adaptation dont cet ouvrage donne un large aperçu.

La recherche sur le changement climatique est aujourd'hui en pleine ébullition, comme l'illustre l'allongement continuel de la liste de références bibliographiques et de la pagination des rapports successifs du GIEC. Mais l'adaptation reste finalement peu étudiée par rapport à l'atténuation et la plupart des modèles climatiques de prospective ne la prennent pas en compte. Plus pour très longtemps, compte tenu de la richesse des nouveaux résultats. Comment vont-ils modifier notre vision du long terme ?

Intégrer l'adaptation dans la prospective dessine évidemment une vision plus rose de l'avenir, ou moins noire selon la perspective adoptée. Elle doit toutefois satisfaire plusieurs conditions pour qu'elle réussisse à nous protéger.

En premier lieu, l'adaptation rend paradoxalement plus indispensables les politiques d'atténuation. Dans de nombreux domaines, les ménages, les entreprises ou les organismes publics ont tendance à privilégier des solutions d'adaptation consommatrices d'énergie et donc potentiellement émettrices de carbone : les climatiseurs, les enneigeurs dans les stations de ski, les digues faites de matériaux dont la production, à l'image du béton, consomme beaucoup d'énergie, etc. D'autres mesures détruisent des puits de carbone et la biodiversité qui va avec à l'image des défrichages de prairies ou de forêts au profit de l'agriculture visant à compenser l'effet négatif du changement climatique sur les rendements agricoles.

Seconde exigence à intégrer dans l'action publique, la poursuite de l'équité. Le réchauffement creuse les inégalités et l'adaptation laissée à elle-même ne résout rien. Elle est même susceptible de les exacerber car les capacités d'adaptation sont d'abord déterminées par la richesse économique, plutôt que par les besoins.

Au niveau de la planète, les pays à faible revenu, majoritairement localisés dans les régions tropicales et subtropicales, cumulent deux handicaps : ils sont plus exposés aux extrêmes climatiques et à leurs conséquences directes (sécheresses mettant en péril l'agriculture locale dont ils dépendent, submersions, épidémies, etc.) et ils disposent de capacités très limitées pour s'y adapter, en termes de revenus mais aussi de défaillance des institutions. Les pays développés moins exposés aux effets du changement climatique et disposant de ressources pour mettre en œuvre des politiques d'adaptation vont donc moins souffrir. Des études de prospective prédisent même que certains pays des hautes latitudes pourraient sortir gagnants de l'épreuve.

Selon l'ONU, les aides à l'adaptation ne représentent actuellement que le dixième des sommes qui seraient nécessaires aux pays à faible revenu. L'essentiel des aides est ainsi consacré au financement de la réduction des émissions dans les pays en développement, alors même que les émissions de ces pays, compte tenu de leur structure économique, sont très faibles. Peut-être faut-il y voir un certain cynisme : à la différence de l'adaptation dont les bénéfices sont essentiellement locaux, l'atténuation profite à tous, et donc aussi aux pays financeurs.

Les inégalités face au climat existent également à l'intérieur des pays. Rappelons que plus de la moitié des personnes décédées à La Nouvelle-Orléans au passage de l'ouragan Katrina en 2005 étaient afro-américaines alors qu'elles ne représentaient que le tiers de la population totale de la ville. Au niveau national, la question se pose différemment dans la mesure où les États sont mieux outillés pour établir des mécanismes de solidarité interne. Mais les instruments utilisés devront demain donner la priorité à la protection des plus vulnérables en ciblant en priorité le renforcement des capacités d'adaptation des ménages les plus modestes.

Il n'est plus temps de faire preuve d'une trop grande circonspection et de multiplier les réserves à l'encontre de l'adaptation au réchauffement climatique. De l'opposer purement et simplement à l'atténuation ; de souligner les risques qu'elle tourne mal en empirant les situations ; de regretter qu'elle soit dans les faits réactive et incrémentale plutôt qu'elle ne prenne de l'avance sur les événements et soit porteuse de transformations de la société ; d'exclure le déplacement des hommes de sa panoplie ou de l'envisager seulement comme une solution de dernier ressort marquant son échec. Il est temps de renforcer les politiques d'adaptation et d'accélérer les projets d'adaptation. Ils limiteront les dommages matériels et économiques du changement climatique mais surtout ils sauveront des vies humaines. C'est une question de survie pour des millions de Terriens.

Notes bibliographiques

CHAPITRE 1
Heurs et malheurs de la chaleur

1. Wainwright L., Neumann E., « Comment la chaleur perturbe notre santé mentale », *The Conversation*, 22 août 2022, https://theconversation.com/comment-la-chaleur-perturbe-notre-sante-mentale-188913.
2. Ngu F., Kelman I., Chambers J. *et al.*, « Correlating heatwaves and relative humidity with suicide (fatal intentional self-harm) », *Scientific Reports*, 2021, 11, 22175, https://www.nature.com/articles/s41598-021-01448-3.
3. ILO Project Office for the State of Qatar, *Assessment of occupational heat strain and mitigation strategies in Qatar*, 11 octobre 2019, https://www.ilo.org/publications/assessment-occupational-heat-strain-and-mitigation-strategies-qatar.
4. Pattisson P., « Qatar's workers are at risk of heat stress for half the day during summer, finds UN », *The Guardian*, 15 octobre 2019, https://www.theguardian.com/global-development/2019/oct/15/qatars-workers-are-at-risk-of-heat-stress-for-half-the-day-during-summer-finds-un.
5. Pattisson P., McIntyre N. *et al.*, « Revealed : 6,500 migrant workers have died in Qatar since World Cup awarded », *The Guardian*, 23 février 2021, https://www.theguardian.com/global-development/2021/feb/23/revealed-migrant-worker-deaths-qatar-fifa-world-cup-2022.
6. Langer C. E., Mitchell D. C., Armitage T. L., Moyce S. C., Tancredi, D. J., Castro J., Vega-Arroyo A. J., Bennett D. H., Schenker M. B., « Are Cal/OSHA regulations protecting farmworkers in California from heat-related illness ? », *Journal of Occupational and Environmental Medicine*, 2021, 63 (6), p. 532-539, https://journals.lww.com/joem/Fulltext/2021/06000/Are_Cal_OSHA_Regulations_Protecting_Farmworkers_in.13.aspx.
7. Lenton T. M., Xu C., Abrams J. F. *et al.*, « Quantifying the human cost of global warming », *Nature Sustainability*, 2023, 6, p. 1237-1247, https://www.nature.com/articles/s41893-023-01132-6.

8. Assemblée nationale, rapport à la commission d'enquête sur les conséquences sanitaires et sociales de la canicule, 25 février 2004, n° 1455, tome 1, https://www.assemblee-nationale.fr/12/rap-enq/r1455-t1.asp.
9. Toulemon L., Barbieri M., « The mortality impact of the August 2003 heat wave in France : Investigating the "harvesting" effect and other long-term consequences », *Population Studies*, 2008, 62 (1), p. 39-53, https://www.jstor.org/stable/27643445#metadata_info_tab_contents.
10. Santé publique France, *Impacts du changement climatique sur la santé en France. Éléments de coûts. Exemples de la canicule et des inondations*, 2009, https://www.santepubliquefrance.fr/determinants-de-sante/climat/fortes-chaleurs-canicule/documents/rapport-synthese/impacts-du-changement-climatique-sur-la-sante-en-france.-elements-de-couts.-exemples-de-la-canicule-et-des-inondations.
11. Adélaïde L., Chanel O., Pascal M., « Health effects from heat waves in France : An economic evaluation », *Eur. J. Health Econ.*, 2022, 23 (1), p. 119-131, https://pubmed.ncbi.nlm.nih.gov/34304326/.
12. Vicedo-Cabrera A. M., Scovronick N., Sera F. *et al.*, « The burden of heat-related mortality attributable to recent human-induced climate change », *Nature Climate Change*, 2021, 11, p. 492-500, https://www.nature.com/articles/s41558-021-01058-x.
13. Cohen F., Dechezleprêtre A., « Mortality, temperature, and public health provision : Evidence from Mexico », *American Economic Journal : Economic Policy*, 2022, 14 (2), p. 161-192, https://www.aeaweb.org/articles?id=10.1257/pol.20180594.
14. Carleton T., Jina A., Delgado M. *et al.*, « Valuing the global mortality consequences of climate change accounting for adaptation costs and benefits », *The Quarterly Journal of Economics*, 2022, 137 (4), p. 2037-2105, https://academic.oup.com/qje/article/137/4/2037/6571943.
15. *Ibid.*, voir tableau 2, p. 44, et tableau F.2 du B. data appendix p. A75.
16. Klimstra T. A., Frijns T., Keijsers L., Denissen J. J. A., Raaijmakers Q. A. W., van Aken M. A. G., Koot H. M., van Lier P. A. C., Meeus W. H. J., « Come rain or come shine : Individual differences in how weather affects mood », *Emotion*, 2011, 11 (6), p. 1495-1499, https://psycnet.apa.org/record/2011-18046-001.
17. Baylis P., « Temperature and temperament : Evidence from Twitter », *Journal of Public Economics*, 2020, 184, 104161, https://www.sciencedirect.com/science/article/pii/S0047272720300256.
18. Albouy D., Graf W., Kellogg R., Wolff H., « Climate amenities, climate change, and American quality of life », *Journal of the Association of Environmental and Resource Economists*, 2016, 3 (1), p. 205-246, https://www.journals.uchicago.edu/doi/abs/10.1086/684573.
19. Rehdanz K., Maddison D., « Climate and happiness », *Ecological Economics*, 2005, 52 (1), p. 111-125, https://www.sciencedirect.com/science/article/pii/S0921800904002940.
20. World Database of Happiness, https://worlddatabaseofhappiness.eur.nl.
21. Davoine L., *Économie du bonheur*, La Découverte, « Repères », 2020, https://www.collectionreperes.com/economie_du_bonheur-9782348054648.

22. Senik C., *L'Économie du bonheur*, Seuil, « La République des idées », 2014, https://www.seuil.com/ouvrage/l-economie-du-bonheur-claudia-senik/9782021186239.
23. Schwarz N., Clore G. L., « Mood, misattribution, and judgments of well-being : Informative and directive functions of affective states », *Journal of Personality and Social Psychology*, 1983, 45 (3), p. 513-523.

CHAPITRE 2

Les vilains climatiseurs ?

1. Heal G., Park J., « Temperature stress and the direct impact of climate change : A review of an emerging literature », *Review of Environmental Economics and Policy*, 2016, 10 (2).
2. Cachon G. P., Gallino S., Olivares M., « Severe weather and automobile assembly productivity », *Columbia Business School Research Paper*, 2012, 12/37.
3. Niemelä R., Hannula M., Rautio S. *et al.*, « The effect of air temperature on labour productivity in call centers : A case study », *Energy and Buildings*, 2002, 34 (8), p. 759-764, https://doi.org/10.1016/S0378-7788(02)00094-4.
4. Burke M., Tanutama, V., Heft-Neal, S. *et al.*, « Game, sweat, match : Temperature and elite worker productivity », *National Bureau of Economic Research Working Paper*, août 2023, 31650, https://www.nber.org/papers/w31650.
5. Jisung Park R., Goodman J., Hurwitz M., Smith J., « Heat and learning », *American Economic Journal : Economic Policy*, 2020, 12 (2), p. 306-339.
6. IEA, « Population weighted heating and cooling degree days in selected countries, 2010-2020 », 14 décembre 2020, https://www.iea.org/data-and-statistics/charts/population-weighted-heating-and-cooling-degree-days-in-selected-countries-2010-2020.
7. Burgess R., Deschenes O., Donaldson D., Greenstone M., « Weather, climate change and death in India », London School of Economics, 20 avril 2017, https://www.lse.ac.uk/economics/Assets/Documents/personal-pages/robin-burgess/weather-climate-change-and-death.pdf.
8. Davis L., Gertler P., Jarvis S., Wolfram C., « Air conditioning and global inequality », *Global Environmental Change*, 2021, 69, 102299, https://doi.org/10.1016/j.gloenvcha.2021.102299.
9. *Ibid.*
10. Atalla T., Gualdi S., Lanza A., « A global degree days database for energy-related applications », *Energy*, 2018, 143, p. 1048-1055, https://www.sciencedirect.com/science/article/pii/S0360544217318388?via%3Dihub.
11. Biardeau L. T., Davis L. W., Gertler P. *et al.*, « Heat exposure and global air conditioning », *Nature Sustainability*, 2020, 3, p. 25-28, https://sustainabilitycommunity.springernature.com/posts/57297-heat-exposure-and-global-air-conditioning.
12. IEA, *The Future of Cooling*, IEA Paris, 2018, https://www.iea.org/reports/the-future-of-cooling.
13. *Ibid.*

14. Davis L. W., Fuchs A., Gertler P., « Cash for coolers : Evaluating a large-scale appliance replacement program in Mexico », *American Economic Journal : Economic Policy*, 2014, 6 (4), p. 207-238.
15. Viguié V., Lemonsu A., Hallegatte S. *et al.*, « Early adaptation to heat waves and future reduction of air-conditioning energy use in Paris », *Environmental Research Letters*, 2020, 15 (7), https://iopscience.iop.org/article/10.1088/1748-9326/ab6a24.
16. Lu H., Heblich S., Timmins C., Zylberberg Y., « Cool cities : The value of urban trees », *NBER Working Paper*, janvier 2024, 32063.
17. Lungman T., Cirach M., Marando F. *et al.*, « Cooling cities through urban green infrastructure : A health impact assessment of European cities », *The Lancet*, 2023, 401 (10376), p. 577-589, https://doi.org/10.1016/S0140-6736(22)02585-5.

CHAPITRE 3

Les forêts brûlent

1. National Park Service, « Wildfires kill unprecedented numbers of large sequoia trees », 2 novembre 2020, https://www.nps.gov/articles/000/wildfires-kill-unprecedented-numbers-of-large-sequoia-trees.htm.
2. Clerbaux C., Coheur P., « Où sont passées les 400 millions de tonnes de CO_2 rejetées par les incendies australiens ? », *The Conversation*, 23 janvier 2020, https://theconversation.com/ou-sont-passees-les-400-millions-de-tonnes-de-co-rejetees-par-les-incendies-australiens-130323.
3. Andela N. *et al.*, « A human-driven decline in global burned area », *Science*, 2017, 356, p. 1356-1362.
4. Dunne D., « Explainer : How climate change is affecting wildfires around the world », *CarbonBrief*, 14 juillet 2020, https://www.carbonbrief.org/explainer-how-climate-change-is-affecting-wildfires-around-the-world/.
5. Burke M. *et al.*, « The changing risk and burden of wildfire in the United States », *Proceedings of the National Academy of Sciences (PNAS)*, 2021, 118 (2), https://www.pnas.org/doi/epdf/10.1073/pnas.2011048118.
6. Smith A. J. P. *et al.*, « Climate change increases the risk of wildfires », *ScienceBrief*, septembre 2020, https://sciencebrief.org/uploads/reviews/ScienceBrief_Review_WILDFIRS_Sep2020.pdf.
7. Canadell J. G., Meyer C. P., Cook G. D. *et al.*, « Multi-decadal increase of forest burned area in Australia is linked to climate change », *Nature Communications*, 2021, 12, 6921, https://www.nature.com/articles/s41467-021-27225-4.
8. Doerr S., Santín C., « Global trends in wildfire and its impacts : Perceptions versus realities in a changing world », *Philosophical Transactions of the Royal Society B : Biological Sciences*, 2016, 371 (1696).
9. Moreno J. *et al.*, *Forest Fires under Climate, Social and Economic Changes in Europe : The Mediterranean and Other Fire-Affected Areas of the World*, FUME : Lessons Learned and Outlook, janvier 2014, https://www.researchgate.net/publication/281383404_Forest_fires_under_climate_social_and_economic_

changes_in_Europe_the_Mediterranean_and_other_fire-affected_areas_of_the_world_FUME_lessons_learned_and_outlook.
10. Jones M. W., Abatzoglou J. T., Veraverbeke S., Andela N., Lasslop G., Forkel M. *et al.*, « Global and regional trends and drivers of fire under climate change », *Reviews of Geophysics*, 2022, 60, https://agupubs.onlinelibrary.wiley.com/doi/full/10.1029/2020RG000726.
11. Académie d'agriculture de France, *La Forêt et le Bois en France en 100 questions*, https://www.academie-foret-bois.fr/chapitres/chapitre-5/fiche-5-04/.
12. Jones M. W., Abatzoglou J. T., Veraverbeke S., Andela N., Lasslop G., Forkel M. *et al.*, « Global and regional trends and drivers of fire under climate change », art. cit.
13. Barbero R., Abatzoglou J. T., Pimont F., Ruffault J., Curt T., « Attributing increases in fire weather to anthropogenic climate change over France », *Frontiers in Earth Science*, 2020, 8 (2), p. 233-244, https://hal.inrae.fr/hal-03172850.
14. Van Oldenborgh G. J. *et al.*, « Attribution of the Australian bushfire risk to anthropogenic climate change », *NHESS*, 2021, 21 (3), p. 941-960, https://nhess.copernicus.org/articles/21/941/2021/nhess-21-941-2021-discussion.html.
15. Abatzoglou J. T., Park Williams A., « Impact of anthropogenic climate change on wildfire across Western US forests », *Proceedings of the National Academy of Sciences (PNAS)*, 2016, 113 (42), p. 11770-11775, https://www.pnas.org/doi/10.1073/pnas.1607171113.
16. UNEP, « Spreading like wildfire : The rising threat of extraordinary landscape fires », 23 février 2022, https://www.unep.org/resources/report/spreading-wildfire-rising-threat-extraordinary-landscape-fires.
17. Baylis P. W., Boomhower J., « Mandated vs. voluntary adaptation to natural disasters : The case of US wildfires », *NBER Working Paper*, décembre 2021, 29621, https://www.nber.org/system/files/working_papers/w29621/w29621.pdf.
18. Wang D., Guan D., Zhu S. *et al.*, « Economic footprint of California wildfires in 2018 », *Nature Sustainability*, 2021, 4, p. 252-260, https://www.nature.com/articles/s41893-020-00646-7.
19. Lelieveld J., Evans J., Fnais M. *et al.*, « The contribution of outdoor air pollution sources to premature mortality on a global scale », *Nature*, 2015, 525, p. 367-371, https://www.nature.com/articles/nature15371.
20. Jerrett M., Jina A. S., Marlier M. E., « Up in smoke : California's greenhouse gas reductions could be wiped out by 2020 wildfires », *Environmental Pollution*, 2022, 310, https://www.sciencedirect.com/science/article/pii/S0269749122011022.
21. Clerbaux C., Coheur P., « Où sont passées les 400 millions de tonnes de CO_2 rejetées par les incendies australiens ? », art. cit. Van der Velde I. R. *et al.*, « Vast CO_2 release from Australian fires in 2019-2020 constrained by satellite », *Nature*, 2021, 597, p. 366-369, https://pubmed.ncbi.nlm.nih.gov/34526704/.
22. Datta A., Krishnamoorti R., « Understanding the greenhouse gas impact of deforestation fires in Indonesia and Brazil in 2019 and 2020 », *Frontiers in Climate*, 2022, 4.
23. Van der Velde I. R. *et al.*, « Vast CO_2 release from Australian fires in 2019-2020 constrained by satellite », art. cit.

24. Dickman C. R., « A statement about the 480 million animals killed in NSW bushfires since September », université de Sydney, 3 janvier 2020, https://www.sydney.edu.au/news-opinion/news/2020/01/03/a-statement-about-the-480-million-animals-killed-in-nsw-bushfire.html.
25. Van Eeden L. M., Dickman C. R., « Estimating the number of wild animals affected by Australia's 2019-2020 wildfires », *in* L. Rumpff, S. M. Legge, S. van Leeuwen, B. A. Wintle, J. C. Z. Woinarski (dir.), *Australia's Megafires : Biodiversity Impacts and Lessons from 2019-2020*, CSIRO Publishing, 2023, https://www.publish.csiro.au/ebook/chapter/9781486316656_15.
26. Miralles A., Raymond M., Lecointre G., « Empathy and compassion toward other species decrease with evolutionary divergence time », *Science Reports*, 2019, 9 (1), 19555, https://pubmed.ncbi.nlm.nih.gov/31862944/.
27. Dasgupta P., *The Economics of Biodiversity : The Dasgupta Review*, 2021, https://www.gov.uk/government/publications/final-report-the-economics-of-biodiversity-the-dasgupta-review.
28. « Removing 70 of Pablo Escobar's hippos to cost Colombia $3.5m », *The Guardian*, 30 mars 2023, https://www.theguardian.com/world/2023/mar/30/removing-pablo-escobars-hippos-to-cost-colombia-35m.
29. Kolbert E., *The Sixth Extinction : An Unnatural History*, Henry Holt and Company, 2014.

CHAPITRE 4

L'économie du ski quand la neige fond

1. Matiu M. *et al.*, « Observed snow depth trends in the European Alps : 1971 to 2019 », *The Cryosphere*, 2021, 15, p. 1343-1382, https://tc.copernicus.org/articles/15/1343/2021/tc-15-1343-2021.pdf.
2. Spandre P., François H., Verfaillie D. *et al.*, « Climate controls on snow reliability in French Alps ski resorts », *Scientific Reports*, 2019, 9, 8043, https://www.nature.com/articles/s41598-019-44068-8.
3. Klein G., Vitasse Y., Rixen C. *et al.*, « Shorter snow cover duration since 1970 in the Swiss Alps due to earlier snowmelt more than to later snow onset », *Climatic Change*, 2016, 139, p. 637-649, https://link.springer.com/article/10.1007/s10584-016-1806-y.
4. Abegg B., Agrawala S., Crick F., Montfalcon A. de, « Climate change impacts and adaptation in winter tourism », *in OECD, Climate Change in the European Alps : Adapting Winter Tourism and Natural Hazards Management*, 2007, https://www.semanticscholar.org/paper/Climate-change-impacts-and-adaptation-in-winter-Abegg-Agrawala/eae5df22cfc4406ec0d13e050856b3d17c82fd93.
5. Cour des comptes, *Les Stations de ski des Alpes du Nord face au réchauffement climatique : une vulnérabilité croissante, le besoin d'un nouveau modèle de développement*, rapport public, février 2018, https://www.ccomptes.fr/sites/default/files/2018-01/14-stations-ski-Alpes-nord-face-rechauffement-climatique-Tome-2.pdf.

6. Steiger R., Scott D., Abegg B., Pons M., Aall C., « A critical review of climate change risk for ski tourism », *Current Issues in Tourism*, 2019, 22 (11), p. 1343-1379, https://www.tandfonline.com/doi/full/10.1080/13683500.2017.1410110.
7. Iso-Ahola S. E., « A theory of substitutability of leisure behavior », *Leisure Sciences*, 1986, 8 (4), p. 367-389, https://www.tandfonline.com/doi/abs/10.1080/01490408609513081?journalCode=ulsc20.
8. Vanat L., *2022 International Report on Snow and Mountain Tourism : Overview of the Key Industry Figures for Ski Resorts*, avril 2022, 14e édition, https://www.vanat.ch/RM-world-report-2022.pdf.
9. Steiger R., Scott D., Abegg B., Pons M., Aall C., « A critical review of climate change risk for ski tourism », art. cit.
10. « Winter sports face a double threat, from climate and demographic change », *The Economist*, 27 janvier 2018, https://www.economist.com/international/2018/01/27/winter-sports-face-a-double-threat-from-climate-and-demographic-change.
11. « Stations de ski. Énergie, eau… Quel est l'impact de la neige de culture pour l'environnement ? », *Ouest-France*, 25 janvier 2023, https://www.ouest-france.fr/meteo/neige/stations-de-ski-energie-eau-quel-est-l-impact-de-la-neige-de-culture-pour-l-environnement-16b868ce-959d-11ed-9400-7aba786c7303.
12. Berard-Chenu L. *et al.*, « Production de neige : le piège de la dépendance pour les stations de ski ? », *The Conversation*, 2 février 2023, https://theconversation.com/production-de-neige-le-piege-de-la-dependance-pour-les-stations-de-ski-198469.
13. Cour des comptes, *Les Stations de ski des Alpes du Nord face au réchauffement climatique : une vulnérabilité croissante, le besoin d'un nouveau modèle de développement, op. cit.*
14. Binctin B., « Boire de l'eau ou skier, faudra-t-il bientôt choisir ? », *Basta!*, 28 novembre 2017, https://basta.media/Boire-de-l-eau-ou-skier-faudra-t-il-bientot-choisir.
15. *Ibid.*
16. Gerbaux M. *et al.*, « Fiabilité de l'enneigement et disponibilité des ressources en eau pour la production de neige dans les domaines skiables du département de l'Isère (France), en conditions climatiques actuelles et futures », *Journal of Alpine Research*, 2020, 108 (1), https://journals.openedition.org/rga/6724?lang=en.
17. « Les canons à neige consomment autant d'électricité que… », *Altitude*, 18 novembre 2017, https://www.altitude.news/business/2017/11/18/canons-a-neige-consomment-autant-delectricite/.
18. Steiger R., Scott D., Abegg B., Pons M., Aall C., « A critical review of climate change risk for ski tourism », art. cit.
19. Spandre P., François H., Verfaillie D. *et al.*, « Climate controls on snow reliability in French Alps ski resorts », art. cit.
20. Gerbaux M. *et al.*, « Fiabilité de l'enneigement et disponibilité des ressources en eau pour la production de neige dans les domaines skiables du département de l'Isère (France), en conditions climatiques actuelles et futures », art. cit.
21. Isère le Département, Isère Tourisme, *Perspectives d'enneigement et impacts ressources des stations iséroises (2025-2050)*, 11 décembre 2018, https://isere-attractivite.com/sites/default/files/presentation_pespectives_denneigement_isere.pdf.

22. François H., Samacoïts R., Bird D. N. *et al.*, « Climate change exacerbates snow-water-energy challenges for European ski tourism », *Nature Climate Change*, 2023, 13, p. 935-942, https://doi.org/10.1038/s41558-023-01759-5.
23. Fang Y., Scott D., Steiger R., « The impact of climate change on ski resorts in China », *Int. J. Biometeorol.*, 2021, 65 (5), p. 677-689, https://pubmed.ncbi.nlm.nih.gov/31745638/.
24. WeSnow, la neige à énergie positive, https://www.wesnow.fr.
25. Pour des photos du projet, voir https://dja.archi/fr/projets/selection/ski-line-tignes-73/.
26. Vanat L., *2022 International Report on Snow and Mountain Tourism*, *op. cit.*
27. « Haute-Savoie : plusieurs canons à neige de La Clusaz endommagés », *Le Parisien*, 9 janvier 2023, https://www.leparisien.fr/faits-divers/haute-savoie-plusieurs-canons-a-neige-de-la-clusaz-endommages-09-01-2023-OQESZTD4CFGUPKIVOQM3AP2WBI.php.
28. Scott D., Knowles N., Steiger R., « Is snowmaking climate change maladaptation ? », *Journal of Sustainable Tourism*, 2024, 32 (2), p. 282-303, https://www.tandfonline.com/doi/abs/10.1080/09669582.2022.2137729.
29. Collectif, « Ski : "Un modèle économique fondé sur le consumérisme touristique est fini" », *Le Monde*, tribune, 11 février 2023, https://www.lemonde.fr/idees/article/2023/02/11/ski-un-modele-economique-fonde-sur-le-consumerisme-touristique-est-fini_6161387_3232.html.
30. Chavy J., « Ski et subventions : un mélange des genres peu subtil », *Alpine*, 3 octobre 2022, https://alpinemag.fr/ski-et-subventions-un-melange-des-genres-peu-subtil/.
31. Collectif, « Ski : "Un modèle économique fondé sur le consumérisme touristique est fini" », art. cit.
32. « 5 stations de ski pour les non-skieurs à conseiller », Le Prochain Voyage, 3 janvier 2020, https://www.leprochainvoyage.com/5-stations-de-ski-pour-les-non-skieurs-a-conseiller/.
33. Cour des comptes, *Les Stations de montagne face au changement climatique*, 6 février 2024, https://www.ccomptes.fr/fr/publications/les-stations-de-montagne-face-au-changement-climatique.
34. Berard-Chenu L. *et al.*, « Trajectoires de développement de la production de neige dans les stations de ski des Alpes françaises : l'influence des spécificités locales et des politiques régionales de soutien », *Journal of Alpine Research*, 2022, 110 (4), https://journals.openedition.org/rga/10434.

CHAPITRE 5

La montée des eaux dans les villes

1. Oppenheimer M. *et al.*, « 2019 : Sea level rise and implications for low-lying islands, coasts and communities », *in* IPCC, *Special Report on the Ocean and Cryosphere in a Changing Climate*, Cambridge University Press, 2022, p. 321-445.
2. IPCC, « Integrative cross-chapter box on low-lying islands and coasts », *in* IPCC, *Special Report on the Ocean and Cryosphere in a Changing Climate*, *op. cit.*

3. Charcot J.-B., *Le « Pourquoi-pas ? » dans l'Antarctique. Journal de la deuxième expédition au pôle Sud, 1908-1910, suivi des rapports scientifiques des membres de l'état-major*, Flammarion, 1910, https://gallica.bnf.fr/ark:/12148/bpt6k6564063t/f9.item.texteImage.
4. Fretwell P. *et al.*, « Improved ice bed, surface and thickness datasets for Antarctica », The Cryosphere, 2013, 7, p. 375-393, https://tc.copernicus.org/articles/7/375/2013/tc-7-375-2013.pdf.
5. Oppenheimer M. *et al.*, « 2019 : Sea level rise and implications for low-lying islands, coasts and communities », art. cit.
6. UCCRN, *The Future We Don't Want : How Climate Change Could Impact the World's Greatest Cities*, rapport technique, février 2018, https://www.c40.org/wp-content/uploads/2023/04/1789_Future_We_Dont_Want_Report_1.4_hi-res_120618.original-compressed.pdf.
7. Kuhl L. *et al.*, « Transformational adaptation in the context of coastal cities », *Annual Review of Environment and Resources*, 2021, 46, p. 449-479, https://www.annualreviews.org/doi/abs/10.1146/annurev-environ-012420-045211.
8. Rappaport J., Sachs J. D., « The United States as a coastal nation », *Journal of Economic Growth*, 2003, 8 (1), p. 5-46, https://www.jstor.org/stable/40215936.
9. Hanson S., Nicholls R., Ranger N. *et al.*, « A global ranking of port cities with high exposure to climate extremes », *Climatic Change*, 2011, 104, p. 89-111, https://link.springer.com/article/10.1007/s10584-010-9977-4.
10. *Ibid.*
11. UCCRN, *The Future We Don't Want : How Climate Change Could Impact the World's Greatest Cities*, *op. cit.*
12. Hinkel J., Lincke D. *et al.*, « Coastal flood damage and adaptation costs under 21st century sea-level rise », *Proceedings of the National Academy of Sciences (PNAS)*, 2014, 111 (9), p. 3292-3297, https://pubmed.ncbi.nlm.nih.gov/24596428/.
13. Kirezci E., Young I. *et al.*, « Global-scale analysis of socioeconomic impacts of coastal flooding over the 21st century », *Frontiers in Marine Science*, 2023, 9.
14. Bachner G., Lincke D., Hinkel J., « The macroeconomic effects of adapting to high-end sea-level rise via protection and migration », *Nature Communications*, 2022, 13, 5705, https://www.nature.com/articles/s41467-022-33043-z.
15. Lincke D., Hinkel J., « Coastal migration due to 21st Century sea-level », *Earth's Future*, 2021, 9, https://agupubs.onlinelibrary.wiley.com/doi/full/10.1029/2020EF001965.
16. Vinet F., « Impacts humains et sanitaires des inondations », *in* F. Vinet (dir.), *Inondations. La connaissance du risque*, ISTE Press Elsevier, 2018.
17. Chowdhury A., Mushtaque R., Bhuyia A. U., Choudhury A. Y., Sen R., « The Bangladesh cyclone of 1991 : Why so many people died », *Disasters*, 1993, 17 (4), p. 291-304.
18. Lloyd S. J., Kovats R. S., Chalabi Z. *et al.*, « Modelling the influences of climate change-associated sea-level rise and socioeconomic development on future storm surge mortality », *Climatic Change*, 2016, 134, p. 441–455, https://link.springer.com/article/10.1007/s10584-015-1376-4.

19. Fussell E., « Hurricane chasers in New Orleans : Latino immigrants as a source of a rapid response labor force », *Hispanic Journal of Behavioral Sciences*, 2009, 31 (3), p. 375-394, https://journals.sagepub.com/doi/abs/10.1177/0739986309339735.
20. Bleemer Z., van der Klaauw W., « Long-run net distributionary effects of federal disaster insurance : The case of hurricane Katrina », *Journal of Urban Economics*, 2019, 110, p. 70-88, https://doi.org/10.1016/j.jue.2019.01.005.
21. Rigaud K. K., de Sherbinin A., Jones B. *et al.*, *Groundswell : Preparing for Internal Climate Migration*, World Bank, 2018.
22. Desmet K., Kopp R. E., Kulp S. A. *et al.*, « Evaluating the economic cost of coastal flooding », *American Economic Journal : Macroeconomics*, 2021, 13 (2), p. 444-486, https://www.aeaweb.org/articles?id=10.1257/mac.20180366.

CHAPITRE 6
Quelle agriculture dans un nouveau climat ?

1. Xiao Zhang, Ximing Cai, « Climate change impacts on global agricultural land availability », *Environmental Research Letters*, 2011, 6 (1), https://iopscience.iop.org/article/10.1088/1748-9326/6/1/014014.
2. Trancoso R., Syktus J., Allan R. P. *et al.*, « Significantly wetter or drier future conditions for one to two thirds of the world's population », *Nature Communications*, 2024 15, 483, https://doi.org/10.1038/s41467-023-44513-3.
3. Le Roy Ladurie E., *Histoire du climat depuis l'an mil*, Flammarion, 1967.
4. Forestier M., « Les mutations longues du travail : le cas de l'agriculture », *Penser le travail autrement*, 16 octobre 2016, https://www.penserletravailautrement.fr/mf/2016/10/les-mutations-du-travail-agricole.html.
5. Forestier M., « Une révolution agricole à bout de souffle », *Penser le travail autrement*, 10 septembre 2017.
6. Potapov P., Turubanova S., Hansen M. C. *et al.*, « Global maps of cropland extent and change show accelerated cropland expansion in the twenty-first century », *Nature Food*, 2022, 3, p. 19-28.
7. United Nations, *World Population Prospects 2022, Summary of Results*, 2022, https://www.un.org/development/desa/pd/sites/www.un.org.development.desa.pd/files/wpp2022_summary_of_results.pdf.
8. Ivanovich C. C., Sun T., Gordon D. R. *et al.*, « Future warming from global food consumption », *Nature Climate Change*, 2023, 13, p. 297-302, https://www.nature.com/articles/s41558-023-01605-8.
9. Armada Brás T. *et al.*, « Severity of drought and heatwave crop losses tripled over the last five decades in Europe », *Environmental Research Letters*, 2021, 16 (6), https://iopscience.iop.org/article/10.1088/1748-9326/abf004/meta.
10. FAO, « Food security and nutrition around the world », *in The State of Food Security and Nutrition in the World 2023*, https://www.fao.org/3/CC3017EN/online/state-food-security-and-nutrition-2023/food-security-nutrition-indicators.html.

11. Hultgren A., Carleton T., Delgado M. *et al.*, « Estimating global impacts to agriculture from climate change accounting for adaptation », 16 septembre 2022, http://dx.doi.org/10.2139/ssrn.4222020.
12. Costinot A., Donaldson D., Smith C., « Evolving comparative advantage and the impact of climate change in agricultural markets : Evidence from 1.7 million fields around the world », *Journal of Political Economy*, 2016, 124 (1).
13. Leclère D. *et al.*, « Climate change induced transformations of agricultural systems : Insights from a global model », *Environmental Research Letters*, 2014, 9 (12), https://iopscience.iop.org/article/10.1088/1748-9326/9/12/124018.
14. Rosa L., Chiarelli D. D., Tu C., Rulli M. C., D'Odorico P., « Global unsustainable virtual water flows in agricultural trade », *Environmental Research Letters*, 2019, 14 (11).
15. Trancoso R., Syktus J., Allan R. P. *et al.*, « Significantly wetter or drier future conditions for one to two thirds of the world's population », art. cit.
16. Rosa L. *et al.*, « Potential for sustainable irrigation expansion in a 3 °C warmer climate », *Proceedings of the National Academy of Sciences (PNAS)*, 2020, 117 (47), p. 29526-29534, https://doi.org/10.1073/pnas.2017796117.
17. Debar J.-C., « Panorama mondial du soutien à l'agriculture : les pays pauvres loin derrière », Colloque SFER *Politiques agricoles et alimentaires : trajectoires et réformes*, Montpellier, 20-21 juin 2018, https://www.sfer.asso.fr/source/Coll-trajectoire-2018/articles/A34_Debar.pdf.
18. Dittmer K. M., Rose S., Snapp S. S. *et al.*, « Agroecology can promote climate change adaptation outcomes without compromising yield in smallholder systems », *Environmental Management*, 2023, 72, p. 333-342, https://link.springer.com/article/10.1007/s00267-023-01816-x.
19. Grémillet A., Fosse J., « Améliorer les performances économiques et environnementales de l'agriculture : les coûts et bénéfices de l'agroécologie », France Stratégie, août 2020, document de travail n° 2020-13.
20. Dittmer K. M., Rose S., Snapp S. S. *et al.*, « Agroecology can promote climate change adaptation outcomes without compromising yield in smallholder systems », art. cit.

CHAPITRE 7

Adaptation *versus* atténuation

1. Evershed R. P., Davey Smith G., Roffet-Salque M. *et al.*, « Dairying, diseases and the evolution of lactase persistence in Europe », *Nature*, 2022, 608, p. 336-345, https://www.nature.com/articles/s41586-022-05010-7.
2. Rogelj J. *et al.*, « Credibility gap in net-zero climate targets leaves world at high risk », *Science*, 2023, 380, p. 1014-1016, https://www.science.org/doi/10.1126/science.adg6248. À partir du tableau S7, en faisant l'hypothèse que les engagements portent sur le CO_2 et non la totalité de gaz à effet de serre. Il s'agit de la valeur médiane : 90 % de chances que moins de 2 °C.

3. « Technical summary », *in* V. Masson-Delmotte, P. Zhai, A. Pirani, S. L. Connors, C. Péan, S. Berger, N. Caud, Y. Chen, L. Goldfarb, M. I. Gomis, M. Huang, K. Leitzell, E. Lonnoy, J. B. R. Matthews, T. K. Maycock, T. Waterfield, O. Yelekçi, R. Yu, B. Zhou (dir.), *Climate Change 2021 : The Physical Science Basis. Contribution of Working Group I to the Sixth Assessment Report of the Intergovernmental Panel on Climate Change*, Cambridge University Press, 2023, p. 33-144.
4. Adélaïde L., Chanel O., Pascal M., « Évaluation monétaire des effets sanitaires des canicules en France métropolitaine entre 2015 et 2020 », *Bulletin épidémiologique hebdomadaire*, 27 juillet 2021, 12, p. 215-223.
5. Commissariat général à la stratégie et à la prospective, *Éléments pour une révision de la valeur de la vie humaine*, rapports et documents, avril 2013, https://www.strategie.gouv.fr/sites/strategie.gouv.fr/files/archives/Elements-pour-une-révision-de-la-valeur-de-la-vie-humaine.pdf.
6. Malraux A., *Les Conquérants*, Le Livre de poche, 1976.
7. OECD, *Mortality Risk Valuation in Environment, Health and Transport Policies*, OECD Publishing, 2012.
8. Hémon D., Jougla E., *Surmortalité liée à la canicule d'août 2003. Rapport remis au ministre de la Santé et de la Protection sociale*, Inserm, 26 octobre 2004, https://www.inserm.fr/wp-content/uploads/2017-11/inserm-rapportthematique-surmortalitecaniculeaout2003-rapportfinal.pdf.
9. *Frontiers in Environmental Economics and Policy* : *A Symposium in Honor of Martin L. Weitzman*, vidéo, Harvard Kennedy School, 19 octobre 2018, https://www.youtube.com/watch?v=ZCuxMeWTxIs.
10. Weitzman M. L., « On modeling and interpreting the economics of catastrophic climate change », *Review of Economics and Statistics*, 2009, 91 (1), p. 1-19, https://scholar.harvard.edu/weitzman/publications/modeling-and-interpreting-economics-catastrophic-climate-change.

CHAPITRE 8

Politique d'adaptation ou adaptation des politiques ?

1. Hawes J. K., Goldstein B. P., Newell J. P. *et al.*, « Comparing the carbon footprints of urban and conventional agriculture », *Nature Cities*, 2024, 1, p. 164-173.
2. SDES, *Bilan environnemental de la France. Édition 2022*, p. 35.
3. Winsemius H. C., Jongman B., Veldkamp T. *et al.*, « Disaster risk, climate change, and poverty : Assessing the global exposure of poor people to floods and droughts », *Environment and Development Economics*, 2018, 23 (3), p. 328-348.
4. Park J., Hallegatte S., Bangalore M., Sandhoefner E., « Households and heat stress : Estimating the distributional consequences of climate change », World Bank, 2015, *Policy Research Working Paper* 7479.

5. Fujiki K., Finance O., « Exposition et vulnérabilité sociale des villes françaises au risque inondation : une analyse spatio-temporelle à fine échelle (1999-2017) », Cybergeo, 2022, https://journals.openedition.org/cybergeo/39179.
6. Fontès-Rousseau C., Lardellier R., Soubeyroux J.-M., « Un habitant sur sept vit dans un territoire exposé à plus de 20 journées anormalement chaudes par été dans les décennies à venir », *Insee Première*, août 2022, 1918.
7. Kahn M. E., Kerry Smith V., « The affordability goal and prices in the national flood insurance program », *NBER Working Paper*, décembre 2017, 24120.
8. Benmarhnia T., Beaudeau P., « Les villes et la canicule : se préparer au futur et prévenir les effets sanitaires des îlots de chaleur urbains », *Bulletin épidémiologique hebdomadaire*, 2018, 16-17, p. 354-357.
9. Masozera M., Bailey M., Kerchner C., « Distribution of impacts of natural disasters across income groups : A case study of New Orleans », *Ecological Economics*, 2007, 63 (2-3), p. 299-306, https://www.sciencedirect.com/science/article/pii/S0921800906003053.
10. Kahn M. E., Kerry Smith V., « The affordability goal and prices in the national flood insurance program », art. cit.
11. Kreibich H., Thieken A. H., Petrow T., Müller M., Merz B., « Flood loss reduction of private households due to building precautionary measures : Lessons learned from the Elbe flood in August 2002 », *Natural Hazards and Earth System Sciences*, 2005, 5, p. 117-126, https://doi.org/10.5194/nhess-5-117-2005.
12. Baylis P. W., Boomhower J., « Moral hazard, wildfires and the economic incidence of natural disasters », *NBER Working Paper*, 2019, 26550, https://www.nber.org/system/files/working_papers/w26550/w26550.pdf.
13. Fouillet A., Rey G., Wagner V. *et al.*, « Has the impact of heat waves on mortality changed in France since the European heat wave of summer 2003 ? A study of the 2006 heat wave », *International Journal of Epidemiology*, 2008, 37 (2), p. 309-317, https://pubmed.ncbi.nlm.nih.gov/18194962/.
14. Hino M., Burke M., « The effect of information about climate risk on property values », *Proceedings of the National Academy of Sciences (PNAS)*, 2021, 118 (17), https://www.pnas.org/doi/full/10.1073/pnas.2003374118.

CHAPITRE 9
Réchauffement, adaptation et inégalités de développement

1. Rodrik D., Subramanian A., Trebbi F., « Institutions rule : The primacy of institutions over geography and integration in economic development », *Journal of Economic Growth*, 2004, 9, p. 131-165.
2. Hsiang S. M., Burke M., Miguel E., « Quantifying the influence of climate on human conflict », *Science*, 2013, 341, https://web.stanford.edu/~mburke/papers/Hsiang_Burke_Miguel_2013.pdf.

3. Burke M., Miguel E., Satyanath S., Lobell D. B. *et al.*, « Warming increases the risk of civil war in Africa », *Proceedings of the National Academy of Sciences (PNAS)*, 2009, 106 (49), p. 20670-20674.
4. Dell M., Jones B. F., Olken B. A., « Temperature shocks and economic growth : Evidence from the last half century », *American Economic Journal : Macroeconomics*, 2012, 4 (3), p. 66-95, https://www.aeaweb.org/articles?id=10.1257/mac.4.3.66.
5. Burke M., Hsiang S. M., Miguel E., « Global non-linear effect of temperature on economic production », *Nature*, 2015, 527, p. 235-239, https://www.nature.com/articles/nature15725.
6. *Ibid.*
7. *Ibid.*
8. Lenton T. M., Xu C., Abrams J. F. *et al.*, « Quantifying the human cost of global warming », *Nature Sustainability*, 2023, 6, p. 1237-1247, https://www.nature.com/articles/s41893-023-01132-6.
9. Rentschler J., Salhab M., Jafino B. A., « Flood exposure and poverty in 188 countries », *Nature Communications*, 2022, 13, 3527, https://www.nature.com/articles/s41467-022-30727-4.
10. Chancel L., Bothe P., Voituriez T., *Climate Inequality Report 2023 : Faix Taxes for a Sustainable Future in the Global South*, World Inequality Lab, 2023, https://wid.world/wp-content/uploads/2023/01/CBV2023-ClimateInequalityReport-2.pdf.
11. Vicedo-Cabrera A. M., Scovronick N., Sera F. *et al.*, « The burden of heat-related mortality attributable to recent human-induced climate change », *Nature Climate Change*, 2021, 11, p. 492-500, https://doi.org/10.1038/s41558-021-01058-x.
12. Bressler R. D., Moore F. C., Rennert K. *et al.*, « Estimates of country level temperature-related mortality damage functions », *Scientific Reports*, 2021, 11, 20282, https://www.nature.com/articles/s41598-021-99156-5.
13. Romanello M., McGushin A., Di Napoli C. *et al.*, « The 2021 report of the Lancet Countdown on health and climate change : Code red for a healthy future », *The Lancet*, 2021, 398 (10311), p. 1619-1662, https://www.thelancet.com/article/S0140-6736(21)01787-6/fulltext.
14. Vigna L., Friedrich J., « 9 charts explain *per capita* greenhouse gas emissions by country », World Resources Institute, 8 mai 2023, https://www.wri.org/insights/charts-explain-per-capita-greenhouse-gas-emissions.
15. Godard O., *La Justice climatique mondiale*, La Découverte, « Repères », 2015, https://www.editionsladecouverte.fr/la_justice_climatique_mondiale-9782707185488.
16. Stainforth T., Brzezinski B., « More than half of all CO_2 emissions since 1751 emitted in the last 30 years », Institute for European Environmental Policy, 29 avril 2020, https://ieep.eu/news/more-than-half-of-all-co2-emissions-since-1751-emitted-in-the-last-30-years/.
17. Caney S., « Cosmopolitan justice, responsibility and global climate change », *in* S. Gardiner, S. Caney, D. Jamieson, H. Shue (dir.), *Climate Ethics : Essential Readings*, Oxford University Press, 2010.
18. Bourban M., *Penser la justice climatique*, PUF, « L'écologie en questions », 2018, https://www.puf.com/content/Penser_la_justice_climatique.

19. Godard O., *La Justice climatique mondiale*, *op. cit.*
20. Convention-cadre des Nations unies sur les changements climatiques, Nations unies, 1992, https://unfccc.int/resource/docs/convkp/convfr.pdf.
21. Menotti V., « WTO's creep into climate policy fails, for now… », Global Campaign to Demand Climate Justice, 14 mars 2024, https://demandclimatejustice.org/2024/03/14/wtos-creep-into-climate-policy-fails-for-now/.
22. « Saleemul Huq lobbied ceaselessly to make poor countries heard », *The Economist*, 29 novembre 2023, https://www.economist.com/obituary/2023/11/29/saleemul-huq-lobbied-ceaselessly-to-make-poor-countries-heard.
23. « Summary of the seventh workshop under the Glasgow-Sharm el-Sheikh work programme on the global goal on adaptation », 8 septembre 2023, https://unfccc.int/sites/default/files/resource/GGA%20WS%207_summary%20report.pdf
24. UNEP, *Adaptation Gap Report 2022 : Too Little, Too Slow. Climate Adaptation Failure Puts World at Risk*, 1er novembre 2022, https://www.unep.org/resources/adaptation-gap-report-2022.
25. UNEP, *Adaptation Gap Report 2023 : Underfinanced, Underprepared. Inadequate Investment and Planning on Climate Adaptation Leaves World Exposed*, 2 novembre 2023.
26. OECD, *Climate Finance Provided and Mobilised by Developed Countries in 2013-2021 : Aggregate Trends and Opportunities for Scaling Up Adaptation and Mobilised Private Finance*, 16 novembre 2023, https://www.oecd.org/climate-change/finance-usd-100-billion-goal/.
27. UNEP, *Adaptation Gap Report 2023*, *op. cit.*
28. Mantlana B., « What happened with the Global Goal on Adaptation at COP28 ? », *African Climate Wire*, 15 décembre 2023, https://africanclimatewire.org/2023/12/what-happened-with-the-global-goal-on-adaptation-at-cop28/.
29. Rapport de la conférence des parties sur sa vingt et unième session, tenue à Paris du 30 novembre au 13 décembre 2015, 29 janvier 2016, https://unfccc.int/resource/docs/2015/cop21/fre/10a01f.pdf.
30. UN Climate Change, « Operationalization of the new funding arrangements for responding to loss and damage and the fund established in paragraph 3 of decisions 2/CP.27 and 2/CMA.4. Report by the Transitional Committee », 28 novembre 2023, https://unfccc.int/documents/632319.
31. Wenger C., *The Institutional Ecosystem for Loss and Damage*, C2ES (Center for Climate and Energy Solutions), août 2022.
32. Sur les limites de l'adaptation, voir en particulier les développements du 6e rapport du GIEC, https://www.ipcc.ch/report/ar6/wg2/chapter/technical-summary/.
33. Burke M., Zahid M., Diffenbaugh N., Hsiang S. M., « Quantifying climate change loss and damage consistent with a social cost of greenhouse gases », *NBER Working Paper*, 2023, 31658, https://www.nber.org/system/files/working_papers/w31658/w31658.pdf.
34. World Bank, *Migrants, Refugees and Societies. World Development Report*, 2023, https://www.worldbank.org/en/publication/wdr2023.

35. IOM, *World Migration Report 2022*, https://worldmigrationreport.iom.int/wmr-2022-interactive/.
36. Abel G. J., Muttarak R., Stephany F., *Climatic Shocks and Internal Migration : Evidence from 442 Million Personal Records in 64 Countries*, World Bank, 2022.
37. Clement V., Rigaud K. K., de Sherbinin A. *et al.*, *Groundswell part 2 : Acting on Internal Climate Migration*, World Bank, 2021, https://openknowledge.worldbank.org/entities/publication/2c9150df-52c3-58ed-9075-d78ea56c3267.
38. Cattaneo C., Peri G., « The migration response to increasing temperatures », *Journal of Development Economics*, 2016, 122, p. 127-146, https://www.sciencedirect.com/science/article/abs/pii/S0304387816300372.
39. Missirian A., Schlenker W., « Asylum applications respond to temperature fluctuations », *Science*, 2017, 358, p. 1610-1614.
40. Burzyński M., Deuster C., Docquier F., de Melo J., « Climate change, inequality, and human migration », *Journal of the European Economic Association*, 2022, 20 (3), p. 1145-1197, https://academic.oup.com/jeea/article/20/3/1145/6460489.

CONCLUSION
Quelle planète en 2100 ?

1. Kundera M., *L'Ignorance*, Gallimard, 2005.
2. Schelling T. C., « Some economics of global warming », *The American Economic Review*, 1992, 82 (1), p. 1-14.

Table

OUVRAGES DE FRANÇOIS LÉVÊQUE
CHEZ ODILE JACOB

Les Entreprises hyperpuissantes. Géants et titans, la fin du modèle global ?, 2021.

Les Habits neufs de la concurrence. Ces entreprises qui innovent et raflent tout, 2017.

Cet ouvrage a été composé
en Electra et en Whitney
par Nord Compo
à Villeneuve-d'Ascq (Nord).

Achevé d'imprimer
sur les presses de la
Nouvelle Imprimerie Laballery à Clamecy
en décembre 2024

N° d'édition : 4150-1053-X – N° d'impression : 411224
Dépôt légal : janvier 2025

Imprimé en France